U0214082

《扬州区域供水纪实》编委会

主　编　杨正福

副主编　高永青　傅士斌　吴年华

编　委　蒋亚林　邱正锋　张成元　韩月波

　　　　刘　骏　方　亮　周　青　唐中亚

　　　　戴　晶　罗　灿

排　版　唐　鑫

扬州

◎杨正福 主编

区域供水纪实

广陵书社

图书在版编目（ＣＩＰ）数据

扬州区域供水纪实 / 杨正福主编. -- 扬州：广陵
书社，2017.1
ISBN 978-7-5554-0662-4

Ⅰ．①扬… Ⅱ．①杨… Ⅲ．①城市供水—概况—扬州
Ⅳ．①TU991.92

中国版本图书馆CIP数据核字(2017)第008716号

书　　名	扬州区域供水纪实
主　　编	杨正福
责任编辑	丁晨晨
出版发行	广陵书社
	扬州市维扬路 349 号　　　邮编　225009
	http://www.yzglpub.com　　E-mail:yzglss@163.com
印　　刷	江苏凤凰扬州鑫华印刷有限公司
开　　本	889 毫米 × 1194 毫米 1/16
印　　张	15.25
字　　数	260 千字
版　　次	2017 年 1 月第 1 版第 1 次印刷
标准书号	ISBN 978-7-5554-0662-4
定　　价	58.00 元

序

　　"人民对美好生活的向往，就是我们的奋斗目标。"党的十八大以来，我们认真贯彻落实习近平总书记系列重要讲话精神，坚持以人民为中心的发展理念，把"让老百姓喝上干净水、吃上放心菜、呼吸上新鲜空气、有稳定的就业"作为最基本、最重要的民生，优先规划、优先投入，干成了一批民生实事和大事。

　　水是生命之源，人人都需要，天天不可少。饮水安全直接关系到老百姓的身体健康，是全面小康最基本、也是最重要的建设内容之一。为了让全市每个人都能喝上干净水，我们科学编制规划，精心组织实施，用数年的时间全面完成区域供水目标任务，在全省首批实现城乡统筹区域供水。几年来，全市累计投入 44.65 亿元，关闭 486 座小水厂，铺设供水主干管道 1500 千米，支管网 15016 千米，建成增压站 30 座，区域供水水厂 19 座，日供水能力达 207 万吨，彻底解决了全市城乡居民的饮用水安全问题，让老百姓喝上了"卫生水、安全水、放心水"。

　　扬州市区域供水项目作为"江苏省统筹区域供水规划及实施项目"的重要组成部分，被国家住建部授予中国人居环境范例奖，并将向联合国人居署推荐申报"迪拜国际改善居住环境最佳范例奖"。这项被群众称为"健康水、长寿水"的民生实事工程，主要有三个特点：一是实现了全覆盖、真覆盖。供水管网覆盖了全市 82 个乡镇（街道）1374 个行政村（社区），全部进村入户，满足了扬州 460 万城乡居民全天候生产生活用水需求。二是实现了同水源、同管网、同水质。全部以长江和南水北调东线输水廊道为水源，19 个主供水厂全部建立了相应等级的水质化验室，按照同一指标体系制度化定期开展水质检测监测，确保了水质安全。农村居民患肠胃病、传染病概率大幅减少，结石病发病率也开始下降。三是实现了供水、管理、服务三个一体化。建立了市县乡三级统筹协调的区域供水长效管理体系，层层落实管理责任，层层明确服务内容，确保了全市域的稳定供水、安全供水、优质供水。

　　作为惠及全市 460 万人民的重要民生实事工程，区域供水推进工程中有许多做法和经验值得我们认真总结：一是立规划、科学据行。在省级《宁镇扬泰通区域供水专项规划》的基础上，编制完成《扬州市城乡供水专项规划》，制定了《扬州市区域供水实施方案》，明确了水源地保护、水厂建设、增压站配套和管网提升改造等一揽子建设推进计划，确保每一步骤有充分论证，有规划保证，能科学实施。二是钉钉子、务实推动。市人大专门作出《关于加快推进区域供水 切实解决农村饮用水安全的决议》，每年以审议意见书的形式跟进推进。市县乡三级分年度签订目标责任状，抓铁有痕，踏石留印，持续推进区域供水各项工程全部落实。三是给政策、合力推进。按照补助比例上限，积极向上争取省级区域供水管网建设补助资金，市级财政拨出专项资金予以配套，对小水厂回购、管网建设按实际完成的覆盖人口给予奖补，各方面形成合力，共同发力推进。四是讲规范、长效管理。制定水源地达标建设、水厂规范化管理和水质检测监测标准，突出取水、制水、输水和用水等关键环节，将供水水质从水源地、供水厂、供水管网一直管到老百姓家里的水龙头的每个环节、每个细节，实现常态长效管理。

在"十三五"开局之年，扬州市建设部门组织编写了这部《扬州区域供水纪实》，采用了大量数据和真实事迹，图文并茂地展示了区域供水工程的背景、动议、决策、推进的全过程，集中反映了区域供水工作的丰硕成果和在人民群众中引起的积极反响。这既便于让读者了解扬州推进区域供水、保障民生的建设过程，也有利于我们进一步总结经验、谋划未来，把今后的各项民生工程做得更实、更快、更好。

民生工作永无止境，民生建设永远在路上。我们一定要牢固树立"创新、协调、绿色、开放、共享"五大发展理念，按照江苏省委"两聚一高"的部署要求，坚持民生工作以民声为导向，坚持"可定义、可量化、可操作、可考核、可追究"的"五可"工作方法，紧紧围绕富民和不断满足人民群众健康快乐的本质需求，精心谋划、扎实推进美丽中国的扬州样板、健康中国的扬州样本等民生实事工程，推动扬州民生工作再上新台阶，让老百姓充分享受扬州发展的温度。

谢正义

2017 年元月 3 日

目录

碧水扬波著华章

——扬州区域供水工程综述

第一节 水与人类的关系

水是生命之源。

在数亿年前，当地球上还是一片洪荒时，海洋中开始孕育最原始的细胞，并逐渐演化成单细胞藻类，从而形成生命的最初形态。这种单细胞藻类经过不断地发展衍化，有的最终离开海洋，走上陆地，这当中，最令世界增光添彩的便是人类。

人类起源于海洋，水是生命之母，人与水的关系密不可分。人的生命的运行，水承担着重要功能。一个常人身上的水分约占体重的70%。贾宝玉说，女人是水做的，这话只说对了一半，其实人都是水做的，无论男女，概莫能外。人活在世界上，须臾不能离开水，因为人体当中所有的生物化学反应都是在水溶解的状态下进行的，没有水，所有的运行都会终止，生命将告结束。据生物学家统计，一个成年人每天摄入的能量约为2400大卡，需要消耗2400毫升的水。人体不是水箱，他只能用水，不能储水，因此一个成年人每天通常需要补充2400毫升的水。2400毫升是多少呢？将近5斤。5斤的水用水杯一下一下盛起来，是一个不小的量。这些水人除了直接饮用，大量的是在进食过程中间接摄取的。行走在陆地上的人类其实跟海洋中的鱼一样，一刻也不能离开水源。

水对人类如此的重要，饮用水的质量便自然而然上升为人类生活的首要命题。我国政府一向十分关心和重视饮用水的安全与卫生，早在1956年就制定了的饮用水卫生标准，1959年、1976年对标准进行了修订与补充。1985年国家卫生部组织饮水卫生专家结合国情，吸取了世界卫生组织（WHO）《饮用水质量标准》和发达国家饮用水卫生标准中的先进部分，制定了《生活饮用水卫生标准》，将水质指标由23项增至35项。该标准于1985年8月16日发布，1986年10月10日实施，增加了饮用水卫生标准的法律效力。具体来讲，生活饮用水卫生标准可包括两大部分：法定的量的限值，指为保证生活饮用水中各种有害因素不影响人类健康和生活质量的法定的量的限值；法定的行为规范，指为保证生活饮用水各项指标达到法定量的限值,对集中式供水单位生产的各个环节的法定行为规范。其后,2001 年与 2007 年,国家卫生部对《生活饮用水卫生标准》先后又进行两次修改并发布,法规的范围更加全面,各项指标更加科学细致。

《生活饮用水卫生标准》中规定的水质常规指标及限值为:

1. 微生物指标 [1]

总大肠菌群(MPN/100mL 或 CFU/100mL)不得检出

耐热大肠菌群(MPN/100mL 或 CFU/100mL)不得检出

大肠埃希氏菌(MPN/100mL 或 CFU/100mL)不得检出

菌落总数(CFU/mL)100

2. 毒理指标

砷(mg/L)0.01

镉(mg/L)0.005

铬(六价,mg/L)0.05

铅(mg/L)0.01

汞(mg/L)0.001

硒(mg/L)0.01

氰化物(mg/L)0.05

氟化物(mg/L)1.0

硝酸盐(以 N 计,mg/L)10　地下水源限制时为 20

三氯甲烷(mg/L)0.06

四氯化碳(mg/L)0.002

溴酸盐(使用臭氧时,mg/L)0.01

甲醛(使用臭氧时,mg/L)0.9

亚氯酸盐(使用二氧化氯消毒时,mg/L)0.7

氯酸盐(使用复合二氧化氯消毒时,mg/L)0.7

3. 感观性状和一般化学指标

色度(铂钴色度单位)15

浑浊度(NTU—散射浊度单位)1　水源与净水技术条件限制时为 3

臭和味　无异臭、异味

肉眼可见物　无

pH(pH 单位)　不小于 6.5 且不大于 8.5

铝（mg/L）0.2

铁（mg/L）0.3

锰（mg/L）0.1

铜（mg/L）1.0

锌（mg/L）1.0

氯化物（mg/L）250

硫酸盐（mg/L）250

溶解性总固体（mg/L）1000

总硬度（以 $CaCO_3$ 计，mg/L）450

耗氧量（$CODMn$ 法，以 O_2 计，mg/L）3 水源限制，原水耗氧量 >6mg/L 时为 5

挥发酚类（以苯酚计，mg/L）0.002

阴离子合成洗涤剂（mg/L）0.3

4. 放射性指标 [2]

总 α 放射性（Bq/L）0.5

总 β 放射性（Bq/L）1

该规范包括生活饮用水水质卫生规范、生活饮用水输配水设备及防护材料卫生安全评价规范、生活饮用水化学处理剂卫生安全评价规范、生活饮用水水质处理器卫生安全与功能评价规范、生活饮用水集中式供水单位卫生规范、涉及饮用水卫生安全产品生产企业卫生规范和生活饮用水检验规范。生活饮用水卫生标准是从保护人群身体健康和保证人类生活质量出发，对饮用水中与人类健康相关的各种因素（物理、化学和生物），以法律形式作出的量值规定，以及为实现量值所作的有关行为规范的规定，经国家有关部门批准，以一定形式发布的法定卫生标准。

与之配套出台的相关法律法规有：1994 年 7 月 19 日中华人民共和国国务院发布的《城市供水条例》，并于同年 10 月 1 日施行；2002 年 8 月 29 日，全国第九届人大常务委员会第二十九次会议上修订通过《中华人民共和国水法》，并于同年 10 月 1 日起施行。这一系列法律法规的出台，是为了合理开发、利用、节约和保护水资源，防治水害，实现水资源的可持续利用，适应国民经济和社会发展的需要。《水法》第三十二条指出："县级以上地方人民政府水行政主管部门和流域管理机构应当对水功能区的水质状况进行监测，发现重点污染物排放总量超过控制指标的，或者水功能区的水质未达到水域使用功能对水质的要求的，应当及时报告有关人民政府采取治理措施，并向环境保护行政主管部门通报。"第三十三条强调："国家建立饮用水水源保护区制度。省、自治区、直辖市人民政府应当划定饮用水水源保护区，并采取措施，防止水源枯竭与水体污染，保证城乡居民饮用水安全。"

水是生命之源，关系到国计民生，保护水源，节水节能，严格执行饮用水卫生标准，不仅是每个地方政府工作的重心之一，而且已上升到以人为本全面发展的国家战略宏观层面。

第二节 严峻的水环境

扬州自古以来是一座依水而建、缘水而兴、因水而美的城市。史书记载，扬州因"州界多水，水扬波"而得名。从地理学的角度看，扬州位于江苏中部，长江北岸，江淮平原南端，南与镇江市隔江相望，北连淮安，东邻泰州，西与南京市六合区及安徽天长市接壤。扬州城区位于长江与京杭大运河交汇处。全市总人口460万，总面积6634平方千米，其中市区面积2350.74平方千米（建成区面积128平方千米）。陆地面积4856.2平方千米，占总面积73.7%，水域面积1735.0平方千米，占26.3%。扬州境内河湖密布，水网纵横，长江依境东流，淮河入江水道、京杭大运河纵贯南北，邵伯湖、高邮湖、宝应湖、白马湖由南而北依次排开，南水北调东线工程源头也在扬州境内。水催生了扬州的数度繁华，涵养了扬州的美好生态，孕育了扬州的悠久文明，成就了扬州的名城地位。

但水资源丰富的扬州，水环境却不容乐观。首先，当地径流时空分布不均，总体上是南部多于北部，沿江多于丘陵与高沙土地区。年内降雨分布不均，径流主要发生在6—9月（即汛期），汛期的4个月径流量约占年径流量的70%左右。因城市面积小，雨洪难以利用，而在干旱时，因前期降雨所产生的径流往往水质较差，可利用价值低。其次，随着经济的迅猛发展，城镇化步伐的加快，扬州市工业污水和生活污水排放量日益加剧。与此同时，长江上游沿线各城市工矿企业污水排放日益增加，上游水质逐渐下降，下游水质也不同程度地受到影响，而扬州正处于长江流域的下游。扬州市区每日供水量夏季为25—27万立方米，冬季约为23万立方米，而污水处理仅有12万立方米，剩下的未经处理的工业污水与生活污水便集中直接排入河道，靠天然地表径流和外来水冲击稀释带走，水源水质受到严重影响。以 2003 年为例，该年由于淮河流域发生百年来最大的灌水，里下河地区发生自 1954 年以来最大的内涝，直接影响了扬州市的供水水质。2003 年水质监测调查显示，40% 左右的河道水质不合格，多为 V 类，或劣 V 类。

水环境的恶化，这不是一个国家一个地区的问题，而是世界性的症结。联合国环境规划署（UNEP）在其发布的《全球环境展望》中指出，就全球范围而言，污染的水源是人类致病、致死的最大单一原因。世界卫生组织（WHO）的一项调查显示，全世界 80% 病症的发生与饮用被污染的水有关，50% 儿童的死亡与饮用水被污染有关。全球 70% 的人喝不到安全卫生的饮用水，每天有 25 万人的死亡与饮用水不卫生或缺水有关。我国水环境所存在的问题也很严重。2013 年 8 月 12 日前瞻网上有一篇题为《中国"癌症村"超 247 个 水污染伤害不容回避》[3]的文章，文中有一段令人触目惊心的报道：

2009 年，华中师范大学地理系学生孙月飞作了题为《中国癌症村的地理分布研究》的本科毕业论文显示，有 197 个"癌症村"记录了村名或得以确认，有 2 处分别描述为 10 多个村庄和 20 多个村庄，还有 9 处区域不能确认"癌症村"数量，这样，中国"癌症村"的数量应该超过 247 个，涵盖大陆的 27 个省份。

由于缺乏权威机构的数据公布，网络流传的"癌症村"数量并不统一，但绝大多数报道均将癌症等疾病高发的矛头指向饮用水的不卫生。我国二百多个"癌症村"中，64 个由水污染导致。部分专家学者惊呼，地下水污染问题已经到了无以复加的程度。一些地区癌症呈现高发态势，饮用水的不安全不卫生已经到了十分严重的程度。

扬州市委、市政府坚守执政爱民、以人为本的理念，高度重视城乡居民饮用水的安全，始终把完善城乡供水规划、推进供水设施建设、实施区域供水工程、提高安全供水能力当作重要工作来抓，相继建成了第一、第三、第四水厂，并于 2008 年起新建第五水厂。宝应、高邮、江都、仪征各县市也分别建成自来水厂，全市日供水能力达 99 万吨，其中扬州市区日供水能力达 40.5 万吨。市委、市政府责成相关职能部门积极编制区域供水

严重不合格的饮用水，造成中国"癌症村"247 个

规划，加快推进区域供水工作，全市累计实现投入 6.8 亿元，铺设供水管网 516.6 千米，覆盖面积 1429.7 平方千米，主干管网延伸至 37 个乡镇，受益人口达到 210 万人。其中扬州市区先后完成投资 4.2 亿元，实施市区西北乡镇和沿江乡镇区域供水工程，铺设供水干管 260 千米，城区自来水主干网延伸到周边 18 个乡镇，面积达 1071 平方千米，受益农村居民 95 万余人，市区周边和部分县市乡镇实现了区域集中供水。为了解决更广大地区的农村居民饮水安全问题，近几年扬州市大力实施农村饮用水安全工程，加大农村自来水厂和管网建设，农村各类水厂达到 478 个，城乡供水普及率达 92%。应该说，经过各地、各部门的共同努力，扬州市在保障城乡饮用水安全、推进区域集中供水等方面取得了一定成果，为解决饮用水问题打下了良好基础。但是对照国家标准，扬州市城乡居民饮水安全所面临的形势还很严峻，具体表现为以下几方面：

第一，从供水来源看，扬州水资源虽然丰富，但符合饮用水水质标准的却很匮乏。除市区因直接从长江、京杭大运河、芒稻河取水，水源条件和水质状况较好外，绝大多数农村水厂都是以内河水或地下水为供水水源，农村水厂中，取用内河地表水的占 7.6%，取用地下水的占 92.4%，不同程度地存在水质难以保证、水量不足等问题。有些水厂甚至每年都会出现因水源受到污染或地下水水量不足而被迫停止供水的现象，直接影响农民群众的日常生活。

第二，从供水设施来看，农村水厂普遍存在企业规模较小、生产设施陈旧、管理技术薄弱、水处理工艺落后等问题，而且水厂的性质复杂，既有镇办的、村办的，又有联办的、私营的，部分小水厂一味追求经济利益，只讲收益，不讲投入，供水的水质不完全达标，水量、水压、供水时间不能满足农民的需要。而且这些乡镇的供水管网大多建于上世纪 80—90 年代，所用材质相对较差，经过运行多年，已普遍老化，管网爆裂、水路漏损现象相当严重，既造成水资源的白白浪费，同时也有二次污染的隐患。农民普遍反应水量小、水压偏低，特别是每逢重大节日、夏季用水高峰，断水现象经常发生，给日常生活造成了很大不便。高邮湖西的一位村民说："我们这儿吃水用水难呀，水厂一天只放三次水，夜里 4 点，近中午 10 点，还有一次是晚饭时分。水是浑的，水流又细，要想吃到头道水，你要夜里不睡觉爬起来等，家里还要有个大水缸。"说到大水缸，他还补充说，"这缸家家有，不光有，还要大，不大不行，不大装的水少。水不干净，放到缸里要用明矾淀，用一段时间，缸底就会积上一层厚厚的泥垢，要剖缸底，把缸里清洗一遍，否则水就不能吃了。活受罪哟。"一位头发花白的老人从家中拎出一只烧水的水铫子说："你们看看，这只新水铫子买家来才用了两个月，底上就积了一层铜钱厚的水萤，这水真的不能吃呀。"

第三，从供水管理上看，农村水厂缺乏明确的行政主管部门，监督管理难以到位。全市 478 个农村水厂，正常进行水质监测的只有 217 个，监测覆盖面仅为45.4%，部分水厂甚至成了无水质检测设备、无卫生消毒设施、无水质卫生管理制度的"三无"水厂，安全问题上存在较大隐患。宝应苗圃村医务室的医生说："我在这里行医 35 年，在我的记忆中，遇得最多的病就是结石病和肠道病。我曾翻过我的记录，苗圃村 2345 户村民，三十多年来，经我手治过的肠道病人和结石病人将近 400 名。"

这两种病人为什么会出现这么多呢？

宝应县卫生质检部门的一位工作人员说："病根子全在水。这里的饮用水都用的深井水，水中的石灰石、矿物质、重金属超标，尤其含有大肠菌群。"

问："使用明矾给水沉淀，能解决问题吗？"

答："仅仅使水表面变得清澈一些，有害成分并未减少。而且，明矾中含有铝，长期饮用含铝的水，对人体有害。"

第三节 进军的号角

饮用水的安全卫生关系到国计民生，是各级政府的头等大事。2007 年 10 月25 日，江苏省政府办公厅转发了省卫生厅《关于实施生活饮用水卫生标准若干意见的通知》，《通知》中明确，扬州最迟于 2010 年 7 月 1 日前实施《生活饮用水卫生标准》（GB5749—2006）中规定的 106 项水质指标标准。为了做好区域供水卫生安生工作，江苏省此前已编制了《宁镇扬泰通地区区域供水规划》，规划覆盖宁镇扬泰通 5 市及其所辖县（市），要求打破行政区域界限，合理配置水资源，就近供水。区域供水规划要与正在编制的各市市域城镇体系规划相衔接，与已完成的《长江江苏段区域供水规划及实施决策支持系统》相结合，进一步合理配用江苏省长江沿线地区的水资源，更大限度地发挥供水企业的规模效益。为了有效贯彻国家卫生部关于加强饮用水卫生安全管理的指示精神，2009 年，江苏省委办公厅、省政府办公厅联合颁布了《关于新一轮农村实事工程实施方案的通知》。《通知》要求，各地区要按照建设社会主义新农村的总体要求，加快农村饮用水安全工程建设步伐，深化农村供水工程管理体制改革，强化水源保护、水

质监测和社会化服务，建立健全农村饮水安全保障体系，使农村居民获得安全饮用水，维护生命健康，提高生活质量。《通知》指出，各地要根据全省农村饮水安全工作要求，认真研究分析本地区农村饮水现状，细化工作目标任务，按照"科学规划、统筹安排、分类指导、创新机制、加强监督"的原则，加快农村饮水安全工程建设，提高农村生活用水质量和供水保证率，保证人民群众饮水安全。《通知》中向全省各地区明确了目标与任务："根据全面建设小康社会和建设社会主义新农村要求，加快推进我省农村饮水安全建设步伐，2010年基本解决我省农村饮水不安全问题，并逐步建立完善农村供水社会化服务体系。2009年至2010年完成850万人的农村饮水安全工程，其中2009年完成450万人，2010年完成400万人。2011年完成剩余123万人饮水安全工程建设。"

2003年，扬州市根据省政府办公厅颁布的《关于实施宁镇扬泰通地区区域供水规划的通知》要求，部属落实本市区域供水工作。2006年，市委、市政府向全市人民发出庄严承诺：水是生命之源，更是生命之基，关乎扬州460万人民的生命安全，一定要通过全市上下的努力，让百姓喝上安全水、放心水。同年，全市将实施市区西北6乡镇区域供水工程列为当年"为民办实事10大工程"之一，相继实施了沿江、仪征丘陵片区、邗江南部片区、高邮湖西片区以及江都开发区部分片区的区域供水工程。2009年，省委办公厅、省政府办公厅下发《关于新一轮农村实事工程实施方案的通知》后，扬州市委、市政府认真学习，高度重视，扬州市人大常委会执法检查组专门对全市的水环境及饮水安全问题进行了深入调

四水厂全景

查研究，形成了《关于水污染防治法执法检查情况的报告》，报告中指出，扬州地区农村饮用水安全问题存在隐患，需要引起重视并加以解决。2009年5月，市人大第六届人民代表大会常务委员会第十次会议对区域供水作了专题讨论，会议一致认为，加快推进区域供水，既是实现城乡统筹协调发展，确保城乡饮用水安全的重大举措，也是全面建设小康社会，建设社会主义新农村的内在要求。为此，大会作出了《关于加快推进区域供水 切实解决农村饮用水安全的决议》，《决议》主要精神：

1. 进一步加强对区域供水工作的领导。……把加快推进区域供水，切实解决农村饮用水安全，作为深入学习实践科学发展观，为民办实事的重要内容来抓，实行严格的政府任期目标责任制，层层落实领导责任，明确专人负责，建立专门工作机构，通过目标考核的激励机制，扎实推进区域供水工作。

2. 科学合理地编制区域供水规划。要依据省政府确定的《宁镇扬泰通地区区域供水规划》，按照统筹规划、合理布局、城乡并网、安全有效的总体原则，在综合考虑水源、水量、水质和周围环境等相关因素的基础上，对区域供水规划作进一步的调整和完善，并重视做好相关的衔接工作。

3. 建立区域供水良性运行机制。要加大财政投入，将区域供水列入年度财政预算，安排专项资金用于工程项目建设。要多渠道筹集建设资金，按照"谁投资，谁受益"的原则，广泛吸纳社会资金参与区域供水设施建设，实现投资主体多元化。同时充分利用国家拉动内需，对城乡供水设施建设实行倾斜这一有利时机，积极向上争取资金支持。要加强对区域供水运行机制的研究，积极探索适合扬州市市情的区域供水模式。要出台相关政策措施，规范农村水厂收购、兼并等相关行为，推动区域供水工作更好更快地实施。

4. 切实加强饮水用水源地保护。要严格按照江苏省人大常委会《关于加强饮用水水源地保护的决定》的要求，划定饮用水水源一、二级保护区和准保护区，严格防止各类污染。要对地下水开采实行严格管理，研究制定限制或禁止性规定，防止地下水的过量开采、滥采以及污染地下水行为的发生。要重视应急饮用水源建设，制定水污染事故突发情况下区域水资源配置和供水调度方案，有效保障城乡饮用水需求。

5. 进一步强化饮用水安全的监督管理。市、县（市）政府要进一步重视水质检测能力建设，确保水质检测能力达到国家规定的标准要求。进一步强化饮用水安全管理，细化、分解各相关职能部门的职责、目标、任务和工作要求，建立正常的水源水质定期报告制度和信息公开制度，及时查处饮用水日常监测和专项检查中发现的问题，实施好饮用水取水、制水、供水水质全过程的跟踪管理，确保广大农民喝上安全、卫生的放心水。

是年7月，在王燕文书记与谢正义市长的高度重视下，扬州市委、市政府发布了《关于成立扬州市区域供水工作领导小组的通知》，《通知》明确，市委常委、常务副市长张爱军任组长，纪春明与董玉海两位副市长任副组长。小组成员主要由市政府的一位副秘书长，市发改委、市建设局、市交通局、市水利局、市卫生局、市城管局、市规划局、市物价局等部门主要负责人，以及下属各县市区的县长、市长、区长、经济开发区管委会主任组成。同年9月，市政府下发了《扬州市区域供水工程实施方案》，方案中明确了三项基本原则。一是科学规划、分期实施的原则。要求各县（市）要结合城市规划、城市布局和城市发展要求，综合考虑水源、水量、水质和周围环境等因素，认真编制全县（市）区域供水规划，并注意与社会主义新农村建设、村镇布局规划、农村饮水安全、水源保护等规划相衔接。抓紧制定区域供水实施方案和工程建设计划，按序时、分步骤地推进区域供水工程建设，在水厂、增压站、管网等供水基础设施建设过程中，预留一定的富余供水能力，确保能够满足长远发展的需要。二是因地制宜、注意实效的原则。要求各县（市）在不影响区域供水整体规划的前提下，充分利用各地现有供水资源，将现有设施改造利用与新建项目相结合，力争在既定时间内，以最经济的方式达到预期效果。三是资源共享、优势互补的原则。要求各县（市）加强对全地区供水资源的整合，逐步推进乡镇之间、县市之间联网，进而实现全市大联网供水，充分发挥规模供水效益。四是经济合理、优质安全的原则。要求各县（市）积极推广使用节能环保供水设备和管材，减少管网漏损，降低运行和维护成本。

廖家沟取水口迁建工程

在充分评估认证的基础上，积极开发独立、优质、稳定的备用水源，建立完善多水源城市供水系统，同时加快推进饮用水深度处理，改善供水水质，确保达到新国标要求。《通知》明确了总体工作目标和各县（市）具体目标。

总体工作目标：

在满足水量需求的前提下，确保市区 2010 年底、各县（市）2012 年底实现区域供水全覆盖，水质、水压全部达到规定标准。

各县（市）具体目标：

1.扬州市区

2009年，湾头、头桥2个乡镇实现联网供水；

2010年，瓜洲、杭集、沙头3个乡镇实现联网供水，市区达到区域供水全覆盖。

2.宝应县

按照宝应水厂、潼河水厂两大供水区建设规划，扩建宝应水厂，新建潼河水厂，至2012年日供水规模达到18万立方米，新铺设供水管网213千米，覆盖全县14个乡镇，受益人口达71.2万人。

3.高邮市

按照城郊、湖西、界首水厂、临泽水厂、司徒水厂、三垛水厂、汉留水厂七大供水区建设规划，扩建港邮、界首、临泽、司徒、三垛、汉留6家水厂，至2012年供水规模达到15.05万立方米，新铺设供水管网294千米，覆盖全市21个乡镇和开发区，受益人口达82.7万人。

4.江都市

按照市属供水圈、中闸供水圈、邵伯供水圈三大供水圈建设规划，扩建第二水厂、油田水厂和沿江开发区水厂，至2012年日供水规模达到48.5万立方米，新铺设供水管网484千米，覆盖全市13个乡镇，受益人口达96万人。

5.仪征市

按照东、中、西三线建设规划，至2010年新铺设管网46.7千米，覆盖全市10个乡镇和各开发园区，受益人口达35.8万人。

为了尽快贯彻落实市政府下发的《扬州市区域供水工程实施方案》，9月11日，全市召开了区域供水工作会议，时任市委常委、常务副市长，扬州市区域供水领导小组组长张爱军在会上作了题为《全力推进区域供水工程 切实保障城乡饮水安全》的重要讲话。张爱军特别指出，由于区域供水投资较大，加上体制机制上的制约，少数同志对此项工作缺乏足够的重视，致使扬州市区域供水工作推进缓慢，进展不快，与苏南地区相比，出现了不小的差距。目前存在的主要问题，首先是区域供水的规划还不够完善。由于扬州市区域供水规划于2002年编制完成，早于省里出台的《宁镇扬泰通地区区域供水规划》，因此与省规划和各县（市）区域供水规划及新农村规划存在衔接不紧的问题。而且，各县（市）虽已制定区域供水规划，但有的还比较粗糙，不够细化、优化。特别是对如何突破现有行政规划界限，实现就近、经济、合理供水以及区域供水集中式水厂的规划数量、规划定点、供水范围等，还需要进一步研究认证并加以明确。存在的第二个问题是，推进区域供水的重视程度和不平衡性较为突出。当前供水已经覆盖了维扬区（今属邗江区）的全部和广陵、邗江区的绝大多数乡镇，区域供水覆盖率达到90%以上。仪征部分乡镇也实现了并网供水，区域供水率在60%左右。但除上述地区工作具有明显成效外，其他地区进展不快。存在的第三个问题是，区域供水与农村饮水安全工程存在脱节现象。省政府在全省实施了农村饮水安全工程，并安排了专项资金，专门用于补助乡镇以下进村入户供水管网建设。扬州市被列入全省农村饮水安全工程的资金近50万，2008年开始实施，计划2010年完成。至2008年底，扬州市已有24个乡镇、21.46万人实施了饮水安全工程。但由于饮水安全工程与区域供水隶属于不同部门，24个已实施农村饮用水安全工程的乡镇中，只有9个乡镇与区域供水工程相对接，导致工程建设未能发挥出最佳效益。

基于扬州区域供水所存在的不足和面临的新形势新任务，市政府对各县市区分别提出了要求，并在当天与江都、高邮、仪征、宝应、广陵区、邗江区、扬州市建设局、扬州市水利局，就区域供水工作签订了责任状，在全市实施区域供水全覆盖的战役正式打响。

第四节 扬鞭奋进创辉煌

实现区域供水全覆盖，是扬州市一项造福于民的重大工程，也是一场攻坚克难的特殊战役。回首以往，在2009年至2012年短短三年的工程建设过程中，我们的建设队伍中出现了许多先进个人，涌现了无数感人故事，也积累了许多成功的经验和失败的教训。这一项工程，是扬州建设者在市委、市政府的领导下，用集体的力量、拼搏的汗水、攻坚克难的智慧书写的一部充满华彩的新农村建设诗篇，更是扬州城乡发展史一部辉煌壮丽的交响曲。这部交响曲的每个篇章、每个章节，如今听来都那么动人，那么令人感奋，从而使我们在未来的城市建设中激发出更大的热情与干劲。

第一乐章：修编完善区域供水新规划

修编完善区域供水规划是首要工作。由于经济社会的迅猛发展、城市建设的全面推进和城乡行政区域的调整优化，原区域供水规划所依据的内外环境都发生了重大变化，在当时条件下编制的区域供水规划已经显露出与新形势、新要求不相适应之处。因此，首要工作是，依据《宁镇扬泰通地区区域供水规划》和城市总体规划、"一体两翼"战略、社会主义新农村建设的要求，按照统筹规划、合理布局、城乡并网、安全有效的原则，对全市的区域供水规划进行修编完善，进一步提高规划的前瞻性、科学性、合理性和可操作性，更好地发挥规划的指导作用。这项工作，由扬州市建设局（区域供水领导小组办公室）负责。扬州市建设局走访专家学者，广泛进行调研，最后邀请南京市市政设计研究院为扬州市区域供水水源并网制定了方案。2010年7月27日，在扬州市建设局召开了《扬州市长江、大运河水源并网供水工程可行性研究报告（讨论稿）》认证会。会上，南京市市政设计研究院介绍了《扬州市长江、大运河水源并网供水工程可行性研究报告（讨论稿）》的具体内容，并请参会的各县（市）长及区域供水办公室主任、有关分管部门负责人发表了意见。在市总体规划的指导下，各县（市）也都制定各自的详细建设规划。宝应县于2009年完成《宝应县区域供水规划》修编工作，划定以县属水厂、潼河水厂两个水厂集中供水，主管网向乡镇延伸供水。高邮为了扎实做好这项工作，委托南京市市政设计院编制了全市区域供水规划，明确以优质可靠的高邮湖、大运河、三阳河为主要饮水水源，划分了城郊片、湖西片、东北片3个供水圈和5个供水点。江都市在修编完成的《江都市区域供水规划》中明确建立市属水厂、中闸水厂、邵伯水厂等三大区域供水圈。仪征市结合区域供水全覆盖现状，完成了区域供水暨备用水源可行性报告，分东、中、西三线铺设供水管道，分区供水。各县（市）修编完成的规划中，都明确了区域供水的任务和目标。规划的制定与完善是推进区域供水工作的基础。市区域供水领导小组强调，在规划修编中，无论是市级规划还是县（市）规划，都要注重加强供水水源的可靠性论证，综合考虑水量、水质、周围环境等因素，确保选定的水源科学合理、安全可靠。规划中特别要根据中小城市、重点镇、卫星镇、专业镇的整体布局，统筹安排水厂、主干管网等设施建设，增强城市之间、城乡之间的联系与合作，促进区域供水设施的互补与共享，确保区域供水总体规划有效地贯彻落实。

第二乐章：落实责任，健全督查与考核机制

区域供水工程能否按规划顺利推进，各级领导的重视程度至关重要。为了加快区域供水工作的开展，扬州市政府在专门成立了区域供水领导小组的同时，组建了区域供水领导小组办公室，设在建设局，负责规划、推进和督查等日常工作。各级政府是实施区域供水工程的责任主体，行政一把手是第一责任人，分管负责人是直接责任人。要求各级政府要切实加强对这项工作的领导，成立相应的工作机构，明确牵头部门，分解目标任务，层层落实责任。区域供水是一项复杂的系统工作，涉及到水利、物价、交通、建设、国土等部门，涉及到各县（市、区）所辖乡镇，也涉及到各类性质的乡村水厂利益实体，需要各地、各部门的密切配合与通力合作,需要行政权与执法权的行使贯通。为此,全市建立了"市、县(市)、镇/市、区、街办/市、主管局、供水企业"三级区域供水管理网络,从而保证了区域供水工作"纵向到底、横向到边",形成了"政府领导、部门负责、社会参与、齐抓共建"的良好局面。为了有效推进工作,市和各地还建立了区域供水联席会、工作推进会以及制定区域供水月报制等工作制度。

　　建立健全工程督查与考核机制是推进区域供水工作又好又快向前发展的重要手段。依据《扬州市区域供水工程实施方案》,扬州市政府办公室印发了《扬州市区域供水工作目标考核试行办法》,具体明确了市区域供水工作目标考核的实施细则,由区域供水领导小组办公室抽调相关职能部门人员成立了考核工作小组,对市区和各县(市)进行考核。考核分为月度考核和专项考核两大块。月度考核一月一考,一月一排位。具体考核内容为:一、工作规划(有无具体月度、季度工程规划);二、水源水、出厂水、管网水水质达标情况(对水质抽检、水质公示,卫生部门对出厂水、末梢水检验,水利部门对水源水检测,供水企业自检等情况);三、工程管理(完成设计、图纸审查,落实质量管理与安全监督及工程验收情况);四、完成小水厂回购和水厂建设情况;五、完成管网、增压站建设目标任务情况;六、实现联网供水的乡镇管网到户率;七、信息报送情况。先是自评打分,然后由考核组考核打分,最后公示。除了月度考核,还有专项考核。专项考核由考核小组定期(半年)实地检查考核,年终考核力度加大。考核结果在工程简报上公布。被考核单位所存在的每一个问题将一一列举通报,并提出具体的整改措施。

　　除考核外,还组织专项督查。2009年以来,市四套班子领导多次组织区域供水工作的视察督查和专题调研。市人大常委会成立了区域供水专题调研组,多次赴县(市)区开展饮用水源地保护、供水设施建设、区域供水进村进户、小水厂处置、水到井封以及区域供水运行管理等方面的调研。市区域供水工作领导小组办公室建立月报工作制度,定期编发工作简报,及时收集公布各地区域供水进展情况,交流宣传各地工作做法和经验。至2012年底,编发供水工作简报44期。

第三乐章:全力快速做好水厂建设改造和管网铺设工作

　　水厂的建设改造与管网铺设是区域供水工程中极其重要的一环。乡镇小水厂所存在的最大隐患就是水源水质与生产工艺的不达标,从而造成严重的安全卫生问题。新水厂的建设与老水厂的扩建增容,完全是按照现代化要求进行的,它是整个区域供水工程的重要基石。管网包括主管网与支管网,它是确保清洁之水送达千家万户的主动脉和毛细血管,它与水厂建设一样,是区域供水工程中缺之不可的基础性工作。许多乡镇缺少供水主动脉，原有小水厂虽然向当地企事业单位与居民供水，但水管普遍不达标，管径小，管壁薄，材质不符合卫生安全要求。据当地一些乡民反

江苏省省长石泰峰视察扬州区域供水工程

应，很多管子老化，水厂一送水，这里那里到处冒水，本来一桶水，流到家里顶多只剩半桶。一位耕地的老农告诉管网施工人员，乡里水厂的水管埋得浅，他在地里耕田，犁头不止一次地把水管碰断，水管里的水流得一田，水管质量太差了。其实老百姓看到的这些只是外在情形，他们所不知道的是，很多乡镇小水厂的水管，因其材质不达标，老化严重，水在流经过程中，造成严重的二次污染，对生命健康十分有害。由此可见，实现区域供水全覆盖，进行新管网的铺设十分重要，这是乡镇居民喝上卫生安全健康水的重要保证。这项工作面广量大，与水厂建设一样，是一场需要投入巨大人力物力的攻坚战。据一位当年参加管网铺设的工作人员说，当时为了赶工期、保时间，他们天天顶着朝霞出，披着星星归，东乡西镇一处处奔。晴天朗日干活还爽手，遇上阴雨天，道路泥泞，沟道积水，特别是冬天，滴水成冻，地下是一层坚硬的冰土，钢镐刨下去蹦出的是一层白白的冰碴，施工十分辛苦。有时还遇到纠纷，一些思想觉悟低的乡民，借机讹要"赔青"费，无理取闹，对他们还要苦口婆心地做说服安抚工作。为了按期保质完成工程任务，多少个星期天加班加点，多少个节假日泡在工地。可以说，管网铺设到每一个村、每一个镇，这一路上都洒满了工人们的汗水，倾注了他们的心血。

　　几年来，扬州市区与各县（市）在水厂建设改造与管网铺设中，经过大家群策群力，拼搏奋战，最终都取得了骄人的成绩。

　　市区——

市区的建设步伐较快，相继建成第一、第三、第四水厂，第五水厂（后更名为头桥水厂）完成一期建设工程并投产。2009年，湾头、头桥实现联网供水。2010年，瓜洲、杭集、沙头3个乡镇实现联网供水。对照省里要求，市区提前两年实现了区域供水全覆盖。

宝应县——

2010年扩建宝应自来水厂，供水规模从原来的4万立方米/日增加至9万立方米/日。2011年，宝应自来水厂再扩容，在原来的基础上增加到13万立方米/日，新建潼河水厂，供水规模2.5万立方米/日。2012年，对潼河水厂进行了扩建，供水规模从2.5万立方米/日增加至5万立方米/日。

管网方面，2009年，新铺设供水管道40千米，实现3个乡镇的联网供水。2010年，新铺设管道32千米，实现5个乡镇的联网供水。2011年，新铺设管道91千米，实现3个乡镇的联网供水。2012年新铺设管道50千米，实现3个乡镇的联网供水。

高邮——

2011年扩建界首水厂、临泽水厂和汉留水厂。界首水厂供水规模从0.5万立方米/日增加至0.75万立方米/日，临泽水厂供水规模从0.3万立方米/日增加至1.5万立方米/日，汉留水厂供水规模从0.35万立方米/日增加至1万立方米/日。2012年，扩建了港邮水厂、司徒水厂和三垛水厂。港邮水厂供水规模从9万立方米/日增加至10万立方米/日，司徒水厂供水规模从0.3万立方米/日增加至0.6万立方米/日，三垛水厂供水规模从0.5万立方米/日增加至1.2万立方米/日。

管网方面，2009年，新铺设供水管道42千米，实现3个乡镇的联网供水。2010年，新铺设管道91千米，实现6个乡镇的联网供水。2011年，新铺设管道93千米，实现6个乡镇的联网供水。2012年，新铺设管道68千米，实现4个乡镇的联网供水。

江都市——

2010年扩建江都市第二水厂和沿江开发区水厂（中闸水厂），江都市第二水厂供水规模从5万立方米/日增加至15万立方米/日，沿江开发区水厂（中闸水厂）供水规模从5万

水厂安装的超声波驱鸟器，禁止飞鸟进入滤池上空，以确保水质安全

立方米/日增加至10万立方米/日。2012年，扩建沿江开发区水厂和油田水厂。沿江开发区水厂供水规模从10万立方米/日增加到20万立方米/日，油田水厂供水规模从3万立方米/日增加至8万立方米/日。

管网方面，2009年，邵伯、真武两个乡镇和开发区实现联网供水。2010年，新铺设管道238千米，实现3个乡镇的联网供水。2011年，新铺设管道124千米，实现5个乡镇的联网供水。2012年，新铺设管道122千米，实现区域供水全覆盖。

扬州市市委书记谢正义视察江都区域供水工程

仪征市——

按照东、中、西三线建设规划，2009年，新铺设管网34千米，3个乡镇实现区域供水全覆盖。2010年，新铺设管道12千米，1个乡实现联网供水。至2010年新铺设管网46.7千米，覆盖全市10乡镇和各开发园区，区域供水受益人口达35.8万人。

第四乐章：严格把好水质安全关

在推进区域供水全覆盖和区域供水运营管理过程中，饮用水安全监管工作十分重要。首先要从源头抓起，即重视水源保护。水源保护要严格按照省人大《关于加强饮用水水源地保护的决定》，通过科学划定水源保护区与准保护区；严格控制影响饮用水水源地安全的各类项目建设，切实加强镇村环境基础设施建设等一系列举措，有效保证水源地的水质。

其次，要加强水厂水质监测，认真落实生产责任制，对水厂从取水、制水到供水的各个环节，实行全过程跟踪管理。目前扬州市自来水总公司自检项目达43项以上（国家规定标准38项），扬州市区域供水节水管理办公室定期抽样检查，每月市城乡建设局将扬州市区出厂水和管网水水质状况公布于局网站，及时向社会提供安全供水信息，接受公众监督，以确保供水水质达到规范要求。

第三，完善饮用水应急机制。按照《突发事件应对法》《扬州市环境污染事故应急预案》和《扬州市城市供水事故应急预案》的要求，扬州市专门成立了城市供水应急处理办公室，办公室主任是扬州市城乡建设局局长，副主任是扬州市城乡建设局副局长。要求各县（市、区），一旦发生紧急情况，事发单位和有关部门要在所在地县（市、区）人民政府的统一指挥下，按照有关预案迅速实施先期处置，立即采取措施控制事态发展，严防次生、衍生事故发生。同时，要按规定程序向上级有关部门报告情况。Ⅰ级、Ⅱ级事故处置，由市人民政府成立市突发供水事故现场指挥机构，按预案组织先期处置，并根据需要将有关情况报告省政府、供水主管部门或国家有关部门。Ⅲ级突发供水事故，由市人民政府成立市突发供水事故现场指挥机构，按预案组织处置，并将有关情况报告省政府和供水主管部门。Ⅳ级突发供水事故，由市城乡建设局和所在地县（市、区）人民政府成立事故应急处置指挥机构，按预案组织处置，并将有关情况报告市政府。

第四，开展安全生产系列活动。扬州市供水节水办公室在全市范围内，定期开展安全生产系列活动。具体活动内容有"安全生产月""夏季安全生产百日无事故"等活动，

司徒水厂水质检测中心

推进"1+3"安全监控工作体系和"安康杯"竞赛等各项安全生产宣传教育活动。同时定期开展供水安全生产检查。在重大的节假日、汛期及台风期间，各地主管部门及供水企业采取针对性措施，确保安全供水。市供水节水办公室不定期地赴全市各供水水厂督查企业安全生产情况，对巡查中发现的问题定期回访，限期整改。此外，还常态化地开展供水安全生产隐患排查工作。市供水节水办公室成立了"四项排查"工作领导小组，编制供水安全隐患排查工作方案，确保供水隐患排查工作常态化；积极做好供水隐患排查处置工作，在认真做好供水安全隐患排查报送工作的基础上，各县（市）投入资金，全力排除供水安全隐患。

第五，加强重大危险源管理。由于氯气是供水企业的重大危险源，因此全市各自来水公司严格强化各生产厂家的安全用氯管理，认真办理氯气购买审批手续，按照规定对各厂加氯设备进行定期维护，并督促生产厂家组织氯气应急演练，每月定期检查液氯吸收中和装置的完好度，确保在氯瓶大面积泄漏突发时对泄漏的氯气进行快速中和吸收。

2010年以来，扬州市自来水水质报告，都是自来水厂自行监测并向市

民公示。2016年起，市城建局向各县（市、区）城乡供水主管部门、城乡供水企业印发了《扬州市城乡供水水质检（监）测管理细则》，细则除了进一步强调各自来水厂和自来水原水厂生产班组对原水、出厂水、管网水和沉淀水、滤后水的水质检（监）测、检测频次进一步加强外，还首次明确了供水主管部门的监测要求。如要求市城市供水节水管理办公室对市区10座水厂出厂水，按照《生活饮用水卫生标准（GB5749—2006）》中表1、表2全部指标和表3中表明的可能会有的有害物质，也就是36项常规指标，对全市19座水厂出厂水，每半年进行一次全分析指标监测。对通往千家万户的管网水，要求对色度、浑浊度、臭和味、余氯、细菌总数、总大肠菌群、CODMn这7

瓜洲水源保护警示牌

项指标，每月监测一次。

为防止监测造假，市城市供水节水管理办公室采用的是监督检测方式，即采取固定采样和随机采样相结合的方式，其中固定点占80%，随机点占20%。固定点按国家和省有关规定选择，随机点抽样选择，确定为群众投诉重点地区、漏失率较高地区、管网（设施）相对陈旧地区、边远地区。以扬州市区为例（包括江都），共选择了60个采样点，其中主城区40个、江都区20个，主城区与江都区采取他方互测的方式——也就是江都自来水公司检测主城区水质，扬州自来水公司检测江都区水质。

第五乐章：加大城市污水处理力度

治污是提高水质的基础性工程。扬州市列入国家规划的治污工程项目共15个，包括12个城镇污水处理及再生利用备选项目和3个重点污染防治项目，其中六圩污水处理厂、六圩污水处理厂管网完善工程、汤汪污水处理厂配套管网完善工程3个项目为淮河流域项目，李典镇污水管网、沙头镇污水管网、头桥镇污水管网等3个项目为北洲功能片区污水管网完善项目的子项目。截至2015年，完成项

目 8 个，在建项目 4 个，其中 3 项骨干项目全部完成。根据重点流域水污染防治专项规划实施情况考核指标解释，扬州市 3 项骨干工程纳入 2015 年考核，治污工程项目得分 30 分。

至 2015 年，扬州市沿江共建有 6 座县级以上污水处理设施，分别为扬州六圩污水处理厂（20 万吨 / 日）、扬州汤汪污水处理厂（18 万吨 / 日）、江苏天雨清源污水处理厂（8 万吨 / 日）、江都汇同污水处理厂（2.5 万吨 / 日）、仪征荣信污水处理厂（5 万吨 / 日）、仪征凯发新泉污水处理厂（一期 2 万吨 / 日，二期 2 万吨 / 日），日处理能力达 57.5 万吨。乡镇基本建成污水处理厂或污水泵站和管网，将生活污水接入城市污水处理厂处理，实现污水处理工程城镇全覆盖，污水处理率达 80% 以上。

2015 年 1—11 月全市生活垃圾处理量 34.9 万吨，垃圾无害化处理率 100%，其中市区生活垃圾无害化处理设施由泰达环保有限公司承担，日处理能力达 1000 吨，对生活垃圾进行焚烧处置，日产日清。

扬州头桥水厂二级泵房的现代化机组

扬州头桥水厂管廊局部

根据国家《重点流域水污染防治规划实施情况考核暂行办法》的规定，2015年度扬州市组织对各县（市、区）长江流域水污染防治规划执行情况进行了自查评估，具体评估情况良好。

（一）长江干流及主要入江支流的水质状况

长江干流扬州段共设仪征泗源沟下游、仪化取水口、仪征小河口上游、邗江瓜洲闸东、扬州六圩口东、江都嘶马闸东6个市控以上监测断面。根据2015年监测结果，长江干流扬州段总体水质良好，与去年相比，水质保持稳定。主要入江支流为古运河、大运河、胥浦河、仪扬河、沿山河等，根据2015年监测结果，除古运河生资码头断面氨氮有超标外，其余河流水质基本达到功能区要求。

（二）规划考核断面（三江营）的水质状况

扬州市列入国家规划的考核断面共1个，为长江三江营断面，水质目标为Ⅲ类。根据重点流域水污染防治专项规划实施情况考核指标解释，2015年扬州市长江三江营考核断面22项考核因子达标率均为100%，水质现状评价为Ⅲ类，水质得分为70分。

扬州市长江流域三江营控制断面水质状况表

监测因子：达标率（%）

pH：100

溶解氧：100

高锰酸盐指数：100

五日生化需氧量：100

氨氮：100

石油类：100

挥发酚：100

汞：100

铅 :100

总磷 :100

总氮 :100

化学需氧量 :100

铜 :100

锌 :100

氟化物 :100

硒 :100

砷 :100

镉 :100

铬 :100

氰化物 :100

阴离子表面活性剂 :100

硫化物 :100

为完成上述治污项目，扬州市计划投资 69567.57 万元，实际已完成投资 64145.48 万元，其中中央资金 4638 万元，省级资金 930 万元，地方完成投资 26017.4 万元，自筹 32560.08 万元。

第五节 啃下四块 "难啃的骨头"

水源地的基础环境建设与整治，是区域供水工程中的重要一环，它从根本上决定与影响着区域供水的安全质量。在区域供水工作过程中，水源地环境的综合治理最初困难重重，不是一帆风顺。

第一块 "难啃的骨头"：船厂搬迁

扬州市现有 12 个县级以上集中饮用水水源地，其中市区 3 个，分别为廖家沟、长江瓜洲、长江三江营；江都 3 个，分别为高水河、芒稻河、长江三江营；仪征 2 个，分别为长江（仪征段）、仪征月塘水库（备用）；高邮 2 个，分别为大运河、高邮湖（备用）；宝应县 2 个，分别为大运河、潼河（备用）。为了确保水源地的水质，在全市范围内，开展了集中式饮用水水源地专项整治。市政府专门成立了由 12 个职能部门和 7 个县（市、区）政府主要负责人组成的专项整治行动领导小组，制定了《扬州市集中式饮用水水源地专项整治行动方

液压塔

案》，建立重点、难点问题联席会办制度，对全市范围内的集中式饮用水水源分布、水源构成、水质状况以及污染分布和污染排放情况全面调查摸底，对集中式饮用水水源地一、二级保护区的各类污染源进行清理整顿，对水源保护区重新划界立标。在清理整顿过程中，各地都投入了大量资金，其中为搬迁扬州市第五水厂水源保护区内的金三角和东升两家造船厂，投入资金约 5000 万元。在水源地工厂企业搬迁过程中，矛盾集中，问题尖锐，曾遇到过一些难啃的骨头。为了说服动员某家船厂搬迁，相关部门负责人不厌其烦，多次上门，晓之以理，反复讲解，座谈协商，不因对方的情绪激动出言不逊而改变初衷，妥善化解了不少的矛盾。市委、市政府领导多次深入基层，现场办公，协调解决各种矛盾，特别是在整治工作受挫、各种矛盾尖锐激化的关键时刻，各级领导亲自协调，坐镇指挥，保证了工作顺利进行。几年来，全地区共搬迁、取缔、整治造船厂、砂石码头、企业等环境污染隐患 81 起，竖立标志牌 100 多块。同时按照扬州市环保部门的实施计划，制订了饮用水水源地范围内的生态修复和隔离方案，禁止水源地各种养殖，广泛植树造林，增加绿化覆盖率。

第二块"难啃的骨头"：小水厂并购

在实行区域供水全覆盖的过程中，扬州市工作的最大难点是小水厂并购。

乡镇小水厂多为私营，乡属镇属较少。一些私营老板只图利润，不顾饮水安全卫生，从河道就近取水，或打井取水，不考虑水源达标与否，土法上马，对原水稍作沉淀，加以少量消毒药剂进行处理后就输出使用，缺乏饮水安全意识。所用的输水管多为劣质 PVC 管、塑料增加管，质量差，安全系数不合标准，管网普遍老化，管网时常爆裂，漏损现象严重，漏损率普遍在 50% 左右，最高达到 78%，与国家规定的标准 12% 有悬殊。一些乡镇小水厂存在一个通病，水压低，水质差，供水时间不能保障，实行分时段供水，到了夏季用水高峰，经常出现断水现象，严重影响广大乡镇居民的日常生活。扬州乡镇小水厂大部分已市场化，对它们实行关闭或并购，直接关系到经营者的利益，因此协调工作难度大，回购成本高，矛盾难协调。2009 年，全市计划关闭乡镇小水厂 126 家，但最终仅关闭了 57 家，不到目标任务的一半。为了攻克难关，扫除区域供水全覆盖前进道路上的障碍，工作组成员整个泡在乡镇，天天做工作，天天开现场会，发扬"钉子"精神，紧紧"钉"住小水厂老板不放，从厂"钉"到家，从白天"钉"到夜里，骂不还口，反复协调，攻坚克难，一步一步将小水厂并购工作向前推进。在小水厂并购遇挫的过程中，身为全市区域供水领导小组组长的时任副市长张爱军，曾不止一次亲临现场看望大家，了解情况，分析矛盾，给大家鼓劲，并作出指示：各地要本着"因地制宜，创新观念，以人为本，和谐商谈"的指导思想，积极创新管理模式。对部分乡镇水厂供水规模大、管网质态较好、漏损率低、经营状况尚可的采用趸售方式实现区域供水，如宝应三阳曹甸等乡（镇）水厂；部分供水经营能力较差的私营或股份制乡镇水厂，因管网漏损率较大，若维持现状并网供水，几乎没有赢利空间，对这部分水厂采用全资收购的方式，如湾头镇、沙头镇等乡镇水厂；部分产权系政府所有，因放松管理而严重亏损的水厂，以无偿划拨的形式接管，如高邮天山、送桥镇水厂，村级小水厂绝大部分以此类形式处理。对产权公有或跨区域的供水，采用合资合作模式，如仪征大仪、安徽秦栏等地水厂。依据上述指示精神，2010 年，仪征市出台了梯减式小水厂回购奖励政策，规定 9 月底完成回购的每座水厂奖励 5 万，10 月至 12 月，每晚 1 个月完成少奖 1 万，逾期问责。由于政策明朗，措施有力，全市 78 座小水厂一次性关闭。高邮市政府针对湖西片小水厂回购也专门出台了政策，市财政按 80 元／供水人口的标准，来奖励乡政府小水厂回购，另由扬州自来水公司定额补贴每座水厂 100 万元，湖西 4 乡镇按期完成工作。在全体工作人员的不懈努力下，全市小水厂并购最终顺利完成。

时任扬州市副市长张爱军深入基层考察区域供水工程进展

第三块"难啃的骨头"：资金筹措

抓好资金筹措，在区域供水工程中也是极其重要的一环。根据规划预算，扬州市区域供水工程至2012年总投资为30亿，至2014年，实际投资累计44.65亿元。其中为了提升城乡供水能力，投资9.86亿元，用于新建、扩建水厂7座；基础设施改造投入29.46亿元，铺设供水主管道1438.18千米，支管网铺设15016千米，建成增压站30座。在乡镇小水厂改造收购上，投入5.33亿元，全市总共关闭小水厂484座，确保城乡供水同水源、同管网、同水质。在地方财力十分紧张的情况下，要在几年时间内完成这一巨大投资，难度是很大的。各县市区经济发展水平有高低，特别是一些地区财政相对紧张，因此，资金筹措的困难是客观存在的。为了破解制约工程建设资金瓶颈的难题，各地群策群力，集思广益，多渠道开发，通过政府财政支持、争取国家专项补助、企业融资贷款以吸引社会资本投资等多种形式，积极筹措工程建设资金。以高邮为例，高邮市"多条腿走路"：与港邮供水有限公司、扬州自来水公司合作投资主干工程建设；在加大水厂改造和乡镇联、并管网改造建设上，争取利用项目资金解决问题；在乡镇内部管网改造上，则采取募集社会资金的方式寻求突破；此外还通过申请银行贷款，进行主管网建设。至2010年底，高邮市城郊及湖西区域供水主干工程投资1.2亿元，饮水安全项目工程改造投入0.68亿元，乡镇内部管网改造投入0.25亿元。"多条腿走路"的方法，有效地解决了资金筹措难的问题。相比较而言，宝应县财政比其他县市相对紧张，2010年县委县政府为了贯彻落实区域供水工程，切实解决全县老百姓的吃水用水缺乏安全保障问题，从全局出发，勒紧裤带干大事，硬是安排了2000万专项资金用于区域供水项目建设，同时向上争取国债资金700万，县政府主要领导还亲自与广东粤海集团沟通，争取水厂建设资金，使区域供水工作稳步地往前推进。而仪征市采用市场化运作方式，招引马来西亚实康集团参与投资"水务一体化"工程建设，多渠道筹集资金2.5亿元，回购了全市103家小水厂，铺设三级管网2700

多千米，通过 BT 等方式引进香港荣信公司投资建设了日处理能力 2.5 万吨的仪征荣信污水处理厂，取得了骄人的业绩。

第四块"难啃的骨头"：乡镇管网铺设

管网铺设是全市区域供水工程建设中一个极其重要的环节，原水的进厂，自来水公司成水的输出，均需管网支撑。城区管网虽也存在这样那样的问题，比如少数思想觉悟不高的村民，对"赔青费"漫天要价，阻止工程进行，比如早期使用管道的材质不过关，比如年久老化，但基础设施建设总体优于乡镇。而到了乡镇，由于小水厂急功近利，土法上马，所铺管网很少能够达到国家规定标准，导致区域供水工作推进过程中问题成堆，困难重重。经实地调查踏勘，主要存在以下几个难点。

难点之一，管材质量不合格问题严重，有些管材出厂时局部有薄弱面，或在运输、装卸时，已被碰裂或摔伤；之二，在管道安装施工时，管道的接口处理不当，给以后的"滴，漏，冒"现象的出现播下了种子，留下了隐患；之三，管道铺设不平整，安装工艺不符合要求，在回填土时，一些砖块瓦片与石头把管道硌裂或压破，或使管道接口受到震动而松动；之四，在管道安装时，因管沟开挖不直不平，管道弯曲过大，致使管道出现不同程度伤裂，日久遂成裂口。

针对上述情况，市区域供水领导小组要求各县市区，在乡镇管网铺设中，需要做到以下几点。

第一，做好村民青苗赔价工作，对借机故意取闹漫天要价者，充分做好说服劝解工作。

第二，严把材料质量关，将使用了 20 至 30 年的 PVC 管、增强养料管和水泥管换成球墨铸铁管和 PE 管，所用水管，管径、壁厚、耐压力、抗腐性，均要达到规定标准。

第三，结合地形地貌特点，依据物理学的原理，采用现代管网铺设技术，灵活机动地进行管道铺设与安装。比如仪征后山区，多丘陵，多山谷，地势低洼不平，管道如何保持最大程度的水平，接口如何科学连接而不留下隐患，对此，施工队召开了一次次专题讨论会，提倡创新精神，借鉴异地经验，针对现实情况，制定施工方案。

第四，提高施工质量，严格工程验收。对于隐蔽工程，要求填写工程验收记录表，要具体标明管道及附属构筑物的地基与基础、管道的位置与高程、管道的结构和断面尺寸、管道的接口与变形缝及防腐层、管道及附属构筑的防水层、地下管道交叉处理记录等。

第五，鉴于乡镇施工条件差、施工场地不集中的状况，要求施工人员发扬吃苦耐劳的精神，攻坚克难，保质保量，按序时进度完成任务，最终使工程顺利进行，取得了胜利。

第六节　清泉浇开幸福花

春华秋实，这是大自然中生物生长的自然规律，也是人类工程建设的一种必然。在市委、市政府的高度重视和直接指挥下，扬州市区域供水工程建设经过三年大决战，于2012年底胜利完成了省委、省政府下达的实现区域供水全覆盖的重大任务，扬州建设者们，在水环境治理和城乡一体化建设的当代史上浓墨重彩地写出了华丽篇章。经过三年的建设，全市供水能力有了巨大提升，先后投资4.99亿元，市区新建扩建了扬州第五水厂一期工程、宝应县潼河水厂、宝应水厂、高邮市临泽水厂、高邮市司徒水厂，新增日供水能力31万吨，全市区域供水水厂累计19个，日供水能力达159.5万吨。在基础设施建设上，全市累计投入28.47亿元，铺设供水主干管道1438.18千米，支管网15016千米，全市实现了区域供水主管网、支管网全覆盖；建成无负压增压站、并联式增压站29座，有效保证了区域供水的水质安全、水压稳定。全市小水厂关闭累计投资4.96亿元，回购、关闭小水厂484个，取消了486眼水井的取用水源。2013年5月，省住建厅表彰了2012年度全省供水安全保障考核优秀城市、先进集体、先进班组个人。扬州市被授予"江苏省城市供水安全保障考核优秀城市"，扬州市城乡建设局下属的扬州市城市供水节水管理办公室、市城建控股集团下属的扬州自来水有限责任公司被授予"城市供水先进集体"，扬州市江都自来水有限责任公司中心化验室、高邮港油供水有限责任公司管道维修班被授予"城市供水工作先进班组"，扬州自来水有限责任公司水质监测中心颜勇、高邮港油有限公司管道维修班王干被授予"城市供水工作先进个人"。

在这几年的区域供水工程建设中，扬州起点高，魄力大，克服资金短缺、基础设施更新范围广、小水厂封闭难度大等重重困难，以执政为民的信念，一票否决的态度，庄严承诺"让全市人民喝上放心水"，圆满完成了区域供水全覆盖工程，使"同是一个质，同饮一江水"成为现实。260万乡镇居民告别了深井水、内河地表水，摆脱了水压不足、水管易破裂、水体易污染带来的生活困扰，家家户户喝上了安全、放心、清洁的自来水。

当长期受到饮水困扰的乡镇百姓，看到清洁安全的自来水通到家里时，那满脸的喜悦与激动，像五月的鲜花在绽放！

花朵之一："我们也过上城里人的好日子了！"

宝应西安丰镇地处扬州最东北，村民们长期以来一直饮用不合格的深井水，对身体健康十分不利。该镇交通不便，偏僻落后，对当地百姓来说，与城市联网用水简直是天方夜谭，饮用水成为当地居民最为头疼的问题。一位副镇长说："这里的水不好出了名，都影响到我们招商引资了。我们西安丰镇拥有'中国第一水晶之乡'的美誉，曾经有几个国外客商来与我们谈项目，我们用深井水烧了开水招待他们，他们喝了一口就放下不喝了，吃惊我们的水为什么会这样咸，闹出了笑话。"长期和美国希尔西公司有业务来往的扬州贝奇工艺品有限公司负责人回忆，那时候有的客商到镇上来，会自带饮用水，谢绝喝西安丰镇的水，让人与他们谈判时心里没有底气，甚至有些自卑。2012年，当清洁安全的自来水从遥远的现代化水厂通过管道输送到西安丰镇时，太仓村村民轻轻拧开自家安装的新崭崭的自来水龙头，看到晶莹清澈的水流从龙头口喷涌而出，一个个都愣怔了，以为这是梦，当他们手伸过去，捧到那凉凉的清水时，才知道这不是梦，脸上立刻充满了幸福的笑容，禁不住激动地对前来看望的市领导说："真想不到，我们乡下人居然不用喝深井水了，我们也过上城里人的好日子了！"

花朵之二：清泉催生了"农家乐"

仪征地形地貌特殊，多山冈丘陵，水资源分布不均衡，地下水和塘坝水一直是居民的主要水源。喝上安全卫生的自来水，是当地百姓多年的期盼。在仪征月塘镇捺山村高敬珍的记忆里，每天忙完地里的农活，去两千米之外挑水一直是她每天必做的家务活。53岁的高敬珍一年四季长年挑水，一根扁担被她的肩头磨得光亮。挑水最辛苦的是炎炎夏日和冰雪寒冬，将近百斤的一担水挑在肩上，大老远的一步一步往家走。多年来的提水挑担，使她一双手留下了厚厚的老茧。当自来水通到村里时，村里沸腾了，高敬珍激动地说："天呀，终于把自来水等来了，都等了大半辈子了！原以为这辈子离不开挑水担子了，没想到政府帮我们通上了自来水！"高敬珍家住小楼，儿子跟她住在一起，她把小楼的上上下下安装了10来个水龙头，多年立下汗马功劳为一家人盛放吃水用水的大水缸，立刻改变功能，变成了堆放杂物的储物缸。吃水用水的解决，还给乡村旅游的开发带来便利，经济发展迈上新平台，百姓致富有了新盼头，致富的道路更宽更广。仪征月塘镇是雨花石之乡，自然风光怡人，在如今的乌山村，一个个农家乐如雨后春笋般涌现，遇到节假日小长假，仪征、扬州、六合，甚至南京等周边城市的游客纷纷驾车而来，在农家乐入住休闲小憩，村民们赚得盆满钵满。乌山村委会主任说："过去我们羡慕城里人，大家都往城里跑；现在城里人都开车来到我们这里，说我们这里自然风光好，山青水又绿，是天然的大氧吧，都来我们这里度假旅游。要是没有地方政府投资金花气力实现区域供水全覆盖，我们的农民连放心安全的自来水都用不上，何谈发展农家乐？"

花朵之三：武坚人从此腰板子硬啦！

江都武坚位于扬州的最东边，是里下河腹地的一个乡镇，与泰州接壤，该镇没有区域优势，但它的高电压试验设备占据全国90%以上的市场，以金鑫电气、鑫源电气等为代表的创新型企业因为一直在控制、检测设备领域寻求突破，从而蜚声海内，使武坚成为江苏省首批"创新型乡镇"，吸引了一批院士、教授等专家来到此镇，为企业设立科研院所，研究行业前沿的科技产品。武坚人创造的辉煌一时间闻名全国，武坚现象在地方、省及全国各大媒体上频频曝出光彩。但当年的武坚，却严重地存在吃水用水的困难，饮用水不符合国家规定标准，水压不足，夏季经常停水断水，老百姓半夜里起来等水是常事。远道而来的专家只要啜一口专门为他们泡的茶，就会发现味道有些异样。如此的水环境，使得远道而来的贵客们生活不便，他们会作何感想？会不会嫌恶武坚？如何将其留住？这些问题一直萦绕在武坚人的心中，令他们困苦。实现区域供水全覆盖后，武坚人心中的困扰终于迎刃而解。一位合资企业的老总无限感慨地说："一杯水也是招才引智的硬条件呀，政府没有因为我们武坚处地偏远把我们甩下，而让我们及时地与城里联网供水，这是解决了我们生活中的大问题，我们再到北京请专家，请教授，与外商坐下来谈合作，腰板子硬啦！"

花朵之四：将清洁健康之水送给异地人民

根据省委、省政府的精神，各市区域供水工程要充分发挥地域优势，实行资源共享，胸怀大局，立足长远，突破一市一区界限，切实解决各地人民饮水用水难的问题，为百姓办实事，谋幸福。扬州市在区域供水工程建设中，贯彻落实这一精神，先后向安徽秦楠与江苏镇江共青团农场铺设管网，输送了扬州公司生产的自来水。

秦楠是安徽天长的一个镇，在扬州的西北，与扬州毗邻，两地风俗习惯相近，商业交往较多。历史上的秦楠人有自称扬州人的。但这里吃水用水不便，从整个安徽的角度看，处地较为边缘。扬州鉴于秦楠的上述特殊情况，经两地政府商榷后，将通往仪征的管网继续向北延伸，对秦楠镇实行了区域供水全覆盖。

镇江的共青团农场也有与秦楠类似的情况。该农场地处长江北岸的新民洲，建立于 1960 年，沿江总岸线 11 千米，面积 22.5 平方千米。历史上的共青团农场曾隶属于扬州，后归镇江市京口区管理。长期以来，共青团农场因地处长江之北，没有一家合乎现代标准的水厂为其供水。扬州市在实行区域供水全覆盖工程建设中，对共青团农场与对秦楠一样，将管网从瓜洲向南延伸，为该农场提供了清洁健康的饮用水。

……

在市委、市政府的领导下，扬州市的区域供水全覆盖工程，经过各层各级上上下下的共同努力，取得了丰硕的成果，这是一项为民办实事的重大民生工程，是健康中国、美丽中国的扬州样板。但这一成果的取得只是阶段性工作的结束，展望未来，任重道远，我们还有大量的工作要做。首先，我们要加大水源地保护的力度，加强水源口的巡查与执法力度，完善水源口 24 小时在线监测系统，研究供水信息监管平台建设，建立包括水源地信息、实验室水质数据、在线水质检测数据、视频、图片等多媒体数据于一体的城市供水安全动态监控系统。其次，要进一步提高水厂管理水平和处理工艺。要督促水厂企业按照安全、优质、供好水的要求，狠抓内部管理，做到经常巡视，严格按操作规程操作，严把水质关，确保做到不合格的水不进厂，不达标的出厂水不进管网。在"十三五"期间，将按照省政府要求，全面推进自来水厂深度处理工作，按序时进度有效完成深度处理改造任务。据市自来水总公司的负责人介绍，扬州市的城市供水深度处理工作已迈上轨道。扬州第一水厂提标扩建工程作为市政府民生幸福工程项目之一，于 2012 年 8 月动工建设，2014 年 5 月竣工投产，投产后的第一水厂，不仅日供水能力由 15 万吨提高至 35 万吨，使市区供水能力增加到 80 万吨，意义更为重大的是，此次扩建工程新建了 35 万吨／日深度处理供水系统，使出厂之水达到国际先进标准，可直接饮用。工程竣工仪式上，市委书记谢正义与扬州市副市长、区域供水领导小组组长张爱军亲自到场祝贺，并直接取饮了自来水。再次，加强支管网改造。老城区及一些乡镇的支管网有老化现象，不尽符合现代城市安全卫生供水要求，因此，每年要结合全市情况，统一排定支管网改造任务，加大资金投入，加快推进支管网改造步伐，确保改造任务按时保质完成，不断降低漏损率。再则，要重视水厂布局的进一步优化。例如，针对高阳三阳河水源不稳定情况，要着手研究水厂优化布局新方案，停止使用临泽水厂，将司徒水厂扩建至 6 万吨／日，并增设预处理和深度处理设施，负责司徒片区和临泽片区的供水，同时在京杭大运河新建取水设施及浑水管线，以京杭大运河作为片区集中饮用水主水源地。此外，要加强水环境的综合治理。要结合扬州市产业发展实际和水环境质量状况，重点在水泥、造纸、印染、铸造、电镀、铅蓄电池、炼钢、炼铁等行业，加大落后产能淘汰力度，全面排查装备水平低、环保设施差的小型工业企业，按照依法取缔与全面取缔的要求，制定出小型造纸、制革、印染、染料、炼焦、炼硫、炼砷、炼油、电镀、农药等"十小"行业取缔项目清单，制定取缔到位时刻表，有计划地推进落实。与此同时，要全面推进城镇污水处理设施建设，加快推进建制镇污水处理设施全覆盖。到 2019 年，使城市、县城污水处理率分别达到 95%、85%。到 2020 年，建制镇污水处理设施全覆盖，全市新增污水处理能力达 20 万立方米 / 日以上。

区域供水工作是推进社会主义新农村建设、构建和谐社会、提升生态宜居环境的重要举措，也是造福人民的德政工程、民心工程，责任重大，使命光荣。我们坚信，在中共扬州市委、市政府的领导下，在广大城建干群的共同努力下，未来扬州的水环境将会得到进一步的提升，6634 平方千米的扬州，一定会天更蓝，草更绿，水更清，人民的生活更美好，更幸福！

注释：

[1]MPN 表示最可能数；CFU 表示菌落形成单位。当水样检出总大肠菌群时，应进一步检验大肠埃希氏菌或耐热大肠菌群；水样未检出总大肠菌群，不必检验大肠埃希氏菌或耐热大肠菌群。

[2] 放射性指标超过指导值，应进行核素分析和评价，判定能否饮用。

[3] 参见 http://www.qianzhan.com/qzdata/detail/308/130812—cdf5b9e6.html。

（编写：蒋亚林）

水都扬州的故事

"州界多水，水扬波。"扬州缘水而生，因水而兴，生生不息的长江、运河之水滋养了一代又一代扬州人民，孕育了扬州的千年文明，促成了历史上扬州的数度繁华，水与扬州结下了不解之缘。扬州水治理历史悠久，水文化源远流长，水资源种类丰富，水产业兴旺发达，水环境和谐优美，水旅游资源独特，水供给安全清洁，这一切演绎了关于水的若干神奇故事，奠定了扬州美丽水都的卓越地位。

第一节 水治理：治国安邦经世之学

古代中国向来把对于水的治理推崇为"经世之学""治国安邦"之学。所谓"治国先治水，有土才有邦"。在扬州 2500 年城市变迁中，浚治利济，始终是一根贯穿江淮地区的主线，历史上有许多功利千秋名垂青史的治水人物和精品工程，书写着源远流长的传奇佳话。

运河开启文明新时代

大禹治水不但发明了科学治水的疏导法领导原始生民成功战胜了灭顶洪灾，开启了华夏水利史的壮丽诗篇。而且通过治水，将中国划分为兖、冀、青、徐、扬、梁、雍、荆、豫九州，使中国第一次有了地理区划的概念。扬州名称的诞生，也是扬州有记载的治水历史的开篇。

大禹治水让人们过上了筑室稼穑、安居乐业的生活。大禹死后葬在古扬州境内的越国土地上。后代炎黄子孙感念大禹治水的功绩，到处修筑禹神庙，香火祭祀，还将自己的国土家园称为"禹域"。扬州石塔寺和城隍庙之间的府西街上曾有座禹王庙。据《江苏县续志·卷十一·祠祀考》记载，此庙建立很早，至少在唐代就有了。历经宋、元、明、清屡屡修建，上世纪 50 年代还在。据悉，祭祀禹王庙是明清时期扬州官绅十分重要的一项活动，每年的春秋仲月（二月、八月），扬州的地方官员都要去祭拜禹王。

运河开启了华夏文明新时代，通过水路可以弥补陆路交通的不足。早在商朝末年，吴泰伯在梅里建立勾吴国后，开凿了中国第一条人工河——伯渎河，距今已经有 3200 多年的历史。随后，春秋时期已经大量开凿人工河道，其中最有影响的是吴国。吴王阖闾、夫差父子为进攻南边的越国和北方的楚国，利用自然河湖分别开凿了沟通太湖、钱塘水系的胥溪、胥浦两条运河。为了北伐中原，公元前 486 年，夫差开邗沟，筑邗城，这就是大运河和扬州城的起源。其时邗沟南起长江，北经樊梁湖、博芝湖、射阳湖至淮安以北的淮河，全长 150 千米。邗沟为夫差北上伐齐、运送兵粮立下卓绝功勋。其实，邗沟初开时到底叫什么名字，并无确实记载。过了几百年后，北魏郦道元《水经注》中叫它中渎水。东晋谢灵运《撰征赋》中有"贯射阳而望邗沟，济通淮而薄甬城"的句子，这里的邗沟更像是一种文学称谓——邗城之沟。自此，人们常用邗沟来指称扬州的古人工水道。如宋司马光《资治通鉴》记载隋炀帝开邗沟，《宋史·河渠志》称刘濞运盐河为邗沟等。同时，这些人工河道还有渠水、邗江、中渎水、山阳渎、淮扬运河、里运河等名称。至于"运河"名称的出现，则是伴随着漕运兴起在宋以后才出现。

刘濞被分封在扬州时，在东部海滨煮海制盐。为了把这些盐运回扬州，他参照夫差邗沟，以邗沟茱萸湾段为起点，向东开凿了一条通往东部沿海产盐区的运盐河，叫茱萸沟，也叫邗沟，也即为如今的老通扬运河的前身和西段。

夫差开邗沟，扬州得以立；刘濞兴盐业，扬州得以富。于是邗沟边不知何时出现了一座邗沟大王庙，就供奉着这两座大神。

东晋永和年间，由于长江主河道南移，邗沟南端原来的通江口淤断，已经无法与长江通航，扬州向西重新开了条延伸到仪征的通江运道仪扬河，河口筑欧阳埭。这条河历史上有过众多名称：真扬运河、真州运河、仪征运河、盐河、仪河等。欧阳埭是扬州水利史上有记载的第一座埭堰，发挥着引江入运、蓄水保航的重大作用。由于它的出现，让仪征成为长江锁钥、运河南北盐粮转运的枢纽，繁华与扬州比肩，享有"风物淮南第一州"盛名。但船只过埭前，先要把装载的货物全部卸下，然后靠人力或畜力拉动绞关装置，将船只沿着斜坡一点点牵引上埭后，再顺着另一侧斜坡滑下去。过往船只为此付出的人力、物力、时间成本极为可观。

夫差邗沟工程简陋，历经六百年战乱，荒废严重，到隋朝时为了发展生产，公元 587 年隋文帝杨坚以部分古邗沟故道为基础，在邗沟东 10—20 千米处重开出一条沟通江淮的新河。这条河自茱萸湾至宜陵镇直转北向，经樊川镇入高邮、宝应，北延射阳湖达淮河边的山阳，长约 150 千米，名山阳渎，即今山阳河。

沿山河

运河治理系国脉

　　公元605年4月14日，隋炀帝拉开隋唐大运河开凿序幕，先后用五百多万民工，耗时6年。当时大运河全长2700多千米，为人类历史上最伟大的水利工程之一。

　　运河漕运，国脉所系。有唐以来，历代统治者均视为"一代之大政"。运河让扬州通江达海，运河成为扬州的经济大动脉，催生了扬州的数度繁华。自此，运河治理成为扬州乃至中国最重要的工程。

　　隋炀帝时，将扬州城南20多里长江边的扬子渡作为运河入江口。唐代中叶淤沙扩展，位于江中的小岛瓜洲渐与江北岸相连，使原来直接从扬子渡口进入古运河的船只需逆流西上绕道而行，不仅多出60里路，而且船只"多为风涛所损"。公元738年，润州刺史齐浣将江南漕船的出口向西移至京口埭，再从瓜洲古运河、仪扬河的交汇处挖出一条长25里的伊娄河直通扬子渡，并在河口设立伊娄埭，建斗门，开征税收。伊娄河，又名瓜洲新河、瓜洲运河。所谓斗门，就是在埭上设计一扇可以启闭的闸门，闭时蓄水使河道达到行船水位，开时放来往船只通行。斗门的应用，免除了船只过埭之苦，便捷了许多。这条河省去了很多转运环节，官民齐颂。唐天宝十二年，鉴真从此东渡，实现宏愿。

廖家沟城市中央公园

但斗门还存在弊端：船过斗门时，由于水位落差产生的急流，使顺水船如飞箭，稍有不慎就会撞船；逆流而上像爬山，还要用缆绳拖拽，绳子断了，则会船毁人亡。

公元984年，时任淮南转运使的乔维岳在西河第三堰发明创造了"二斗门"船闸，这是当时世界上最先进的复式船闸。这一船闸后经天圣年间执掌真州水利的左监门卫大将军陶鉴于嘉泰元年改进，其功能原理已经与现代船闸无异。这促进了宋以后运河漕运进一步繁荣兴盛，扬州进一步繁荣。

元朝时，为缩短从杭州到北京的航线，解决南粮北调问题，先后开挖了通惠河、会通河，将隋代运河裁弯取直，缩短九百多千米。

明代扬州治水史上有位名人柏丛桂，史料上称他为"宝应老人"。大运河扬州湖漕段长期以来都是"借湖行运"，不仅风高浪险，且汛期易受洪水威胁。柏丛桂根据经验，以平民百姓身份向朝廷建议治理方案，得以采纳。一是修建高、宝湖堤六十多千米，以挡风浪。这项工程成功后，乡人称为"柏家堰"。二是开挖与所筑湖堤并行的越河四十里，引水于河内行舟。他"倚湖直渠"的治河主张在当时是一种创新，促进了以后二百多年间湖区运道的改变。

明弘治到万历年间，前后历时约 110 年，白昂、王廷瞻、潘季驯、刘东星等数位河臣和地方官员致力于大运河淮扬段所经高邮、宝应、白马、邵伯、界首诸湖的河湖分隔工程，在湖中筑堤，分段修建越河，先后开挖了康济河、弘济河、宝应越河、邵伯越河、界首越河，并连贯成一条与湖平行的运道。初步实现了河湖分离，奠定了明清时期淮扬运河的主线。

康熙在位 61 年，六次南巡，到过高邮界首、邵伯、扬州、瓜洲等处，主要目的就是治河、导淮、济运。乾隆也六下江南，把河工海防作为主要任务，每次都驻跸扬州。反复强调："南巡之事，莫大于河工。""六巡江浙，计民生之最要，莫如河工海防。"历史记载，乾隆每年河工固定的"岁修费"达 380 多万两，大约占每年朝廷"岁出"的十分之一。一些临时兴修的大工程，也不吝投入，动辄用银几百万两。其投入河工人力、财力、物力之巨，堪称古今帝王第一。这些都带来了运河漕运的最后黄金时代，也促成了清朝时扬州最后的繁盛。

近代以来，随着铁路、海运的兴起，运河日渐衰落，淤积越来越严重。京杭运河扬州段全长 126.69 千米，这段运河地处江淮交汇处，穿越多湖地带，不只是通江达淮的水运航道，也是遭受洪灾威胁的首当要冲。保护、整治大运河扬州段，也是扬州水利须臾不可松懈的大事要务，是旷日持久的保民安邦工程。

上世纪 50 年代对此段航道拓宽，改道由六圩入江。在此次改造中，位于运河西岸的镇国寺塔正处于拓宽范围内，面临着被拆除的命运。该塔被称为"南方大雁塔"，是唐僖宗为其看破红尘削发为僧的弟弟所建的一座七级砖塔。

1956 年夏，高邮通湖路西首一家旅社中，那儿有扬州地区里运河整治工程指挥部指挥殷炳山、工务科长陈祖常、工程师许洪武等人参加的从下午一直开到晚上的最后一次讨论会，也是决策会。会上陈、许一致提出不拆。理由是日本侵略者占领高邮时用炸药都没毁掉的宝塔，我们应该保留。殷炳山拍案不拆。最后方案上报国务院周恩来总理批准，"让道宝塔"。在运河中保留一块近 40 亩的河心小岛，作为镇国寺塔保护范围。现在宝塔成为高邮城的镇城之宝。

1965 年，扬州相继对三阳闸至邵伯大船闸全长 96.625 千米的里运河西堤进行加固。在此期间，成立了江苏省扬州专区里运河整治工程指挥部，对里运河重要的高邮段、江都段的险工段采取了加固等措施，提高了里运河的输水能力和通航能力。

1981—1987 年，实施的京杭运河续建工程，是改革开放以来规划实施的国家重点建设项目。扬州范围内的工程建设主要为：宝应至淮安段中埝切除，高邮临

城段航道拓宽，高邮运西船闸、邵伯二线船闸、施桥二线船闸、宝应运河公路桥、界首至六圩零星浅窄段疏浚等。

京杭运河改道入江后，从茱萸湾到瓜洲这一老河段淡出了运河航道，成为扬州的区域河流，扬州人称古运河。

随着城市人口增加而产生的对环境的影响，古运河水质污染严重，垃圾遍岸，河床淤浅，加之地势低凹，沿岸居民在雨季常常受淹。古运河危及居民生命财产安全，阻碍社会经济发展，影响城市形象，整治势在必行。

古运河可分为城区、三湾、瓜洲运河三段。1998—2004年，北起扬州闸，南到三湾，全长 13.5 千米的古运河城区段整治率先启动，工程涵盖了航道疏浚、河岸护砌、配套闸站翻建、房屋拆迁及河滨绿化等。工程历时 6 年，初步成为集防洪、灌溉、通航、环保、旅游等功能于一体的现代城市水系。

2004 年 11 月，京杭运河扬州段"三改二"工程正式开工，将三级航道改造升级为二级航道。工程全长 44.71 千米，概算投资 6 亿元。

控江河 理水运

"天下赋税仰仗江淮。"江淮流域之所以一直是中国经济文化最发达地区的代名词，其中最主要的原因除了保航运、漕运外，兴修水利、抗灾保农也是重要原因。

扬州是江海交汇处的低洼沼地。早期城市人居只能建在西北蜀冈高丘上，没有大型工具汲取江水，人们利用高低起伏的地形修筑塘坝，蓄山洪、积雨水来解决水源供给。东汉太守马棱"兴复陂湖，灌田二万余顷"。太守张纲开渠引水，勤兴农桑。汉末陈登大兴水利，改道邗沟，修筑五塘。其中的陈公塘可灌田千余顷，解救仪扬山区的干旱灾荒。以后历朝历代都对五塘十分重视，清人将塘的作用概括为五利：拦蓄洪水以免运河

瘦西湖秋色

决堤；干旱时以塘水济运通航；为运盐河补水以保盐运；四时蓄水以灌农田；引水入城濠，给民用。

公元 1128 年，黄河开始了 700 多年夺淮入海的历史，由此启动了江淮治理黄淮的艰巨工程，探索出"疏塞并举""分流入淮""束水攻沙""分黄导淮"等若干技术方略。在为淮河寻找出路上，形成了"归江""归海"两派，并由此诞生了"归海五坝"和"归江十坝"。归海五坝是淮河发洪水时开坝泄至海，导致里下河地区连年成灾，直到 1949 年以后根治淮河，才消除里下河水患。

作为"中国最难治理的河流"，淮河 1950 年 7 月暴发的一次大洪水，导致

党中央下了"一定要把淮河治理好"的决心。扬州盐阜东路有一个老居民小区——治淮新村，1951年11月苏北治淮工程指挥部在淮安成立，第二年便迁驻此处，以后所有的治淮指令便由此发出。

1952年，开工建设了扼控淮河入江水道的9座闸。1956年再建万福、芒稻、盐运三闸，归江十坝从此成为历史。同时扬州为扩大洪泽湖的排洪出路，提高淮河下游防洪标准，开挖了金沟改道段，兴建了归江控制线。

对入江水道沿岸堤防、闸坝加固一直贯穿于治淮工程中。上世纪90年代初，国务院又实施了19项治淮骨干工程。其中位于新民滩的一项总投资1.72亿的入江水道加固工程历时6年多才竣工。

长江在扬州境内的流程80千米，沿江防洪堤防114.6千米，涵闸站104座。这些水利设施，上承200多平方千米的江淮洪水，中遭北部仪邗山洪的威胁，下受海潮回灌的顶托，防洪压力巨大。针对易受冲、易塌段40.5千米岸线，扬州自上世纪70年代启动了护岸加固工程，工程连续实施40多年来，河势状况较为稳定。

江苏是一个多水的省份，但多水在苏南，缺水在苏北。苏北地区洪水来时铺天盖地，洪水过后却又严重缺水。淮河来去匆匆，长江川流不息，"淮水可用不可靠，江水有水用不到。"始终成为困扰着包括扬州在内的苏北城乡发展的瓶颈。于是，

二道河

一个中国水利史上最重要的工程——江都水利枢纽在扬州境内的长江边诞生了。

江都水利枢纽在淮河入江尾闾芒稻河与新通扬运河的交汇处。整个工程以4座大型电力抽水站为主体，以京杭运河、新通扬运河为引水输水干河，以芒稻闸、芒稻船闸和江都西闸、江都东闸等13座节制闸船闸以及变电站、高压输变电等为配套工程，形成一个调度灵活的水利枢纽。具有灌溉、调水、发电、航运和提供城乡生产生活用水、沿海垦区洗碱、冲淤等多种功能。作为南水北调东线工程第一梯级站，江都站的作用经大运河辐射至京津地区。江都站与都江堰成为古今灌排工程的经典之作，有"古看都江堰，今有江都站"之说。

江都水利枢纽工程初称滨江抽水站，后名江都抽水站，经过前后7年酝酿，17年建设。从1961年开工，分期实施，分期投入运行，到1977年基本建成。它的诞生，有一个曲折微妙的过程。概括为三个"一"：一句话、一个人、一个政府。一句话是上世纪50年代初毛泽东视察黄河时说的"南方水多，北方水少，如有可能，借点水来也是可以的"。受此启发，江苏省水利厅制订了江苏北调计划，并得到了国务院的批示。最初的江苏北调规划抽水站是在邵伯抽水入高宝湖北送。1959年大旱，邵伯湖也出现了水源不足的问题，遂将原规划中以邵伯湖为水源的邵伯抽水站，改为移至归江河道和通扬运河、邵山河范围内的滨江电力抽水站。省水利设计院按照此方案进行了灌水抽调的一系列线路、站址选优工作，经水电部审核后批准施工。想不到的是，施工一开始，就遇上了砂性土壤坍方严重的问题。这时出现了一个人，他就是时任扬州地委分管水利的副专员殷炳山。他携扬州乐利局工程技术人员深入工地，现场勘察调研，经讨论后，殷炳山向扬州市委建议，滨江抽水站站址迁往新通扬运河的芒稻河边，让新建项目既可引江济淮，溯京杭大运河送水北上，又可结合里下河地区排涝，抽泄洪水归江，一站多能，两全其美。这是一个胆大无比的设想，关键在于：要推翻一项经国务院批示、水电部批准，还有从省里到地方一级主管者与专家们拍板定下的已经认定的事实。在建议未被采纳的情况下，殷炳山凭着对江淮水利大事的忠诚和对水利科学知识的领悟，更有对扬州地区水系和水利工作的熟悉和经验，坚持己见。他在得到了扬州地区政府的支持后，坚持不懈地与省级主管部门的官员和专家们多次的沟通、力争，最后他的建议被全盘采纳。由此，我们不能不对新中国成立初期的那一届从地方到中央的政府及其执政者们的追求真理、服从科学、自我否定的能力作风表示由衷的钦佩。

江苏"江水北调、江淮互济"的成功，展现了科学治水的光明前景。2002年

古运河

12月27日，举世瞩目的南水北调工程开工典礼在北京人民大会堂和江苏省、山东省施工现场同时举行。南水北调工程的建设，大大改善了扬州水利基础设施，提升了扬州本地防洪保安能力，加强了扬州水资源的合理配置和利用，带动了生态环境的有效整治与提升，有力促进了群众生产生活条件的改善，促进了地方经济尤其是特色旅游、绿色生态经济的蓬勃兴起和发展。

扬州似乎是座注定要和江水结缘的城市。南是装载着上中游各路江水的长江，东临承担着泄洪重任的淮河入江水道，北通汛期过洪蓄洪的几大湖泊，只有西边是丘陵高地，但也恰恰让城区变成了汛期山洪暴发的行洪洼地。对于这样一个四周被洪水包围的城市，扬州在城市外围开筑了一道由扬州闸、沿山河、润扬河以及瓜洲外排站等一系列重点工程节点构成的防洪保护圈。为了解决汛期主城区内涝问题，从2010年开始，制定了建设"不淹不涝"城市行动方案。目前已经实施了65个积水点整治工程，整治受淹面积33.2平方千米，铺设排水管道80多千米，完成总投资近14亿元。

几十年来，扬州市已初步建成挡得住、引得进、排得出、灌得上的水利工程体系，建有各类堤防5000千米，骨干河道2430条，中小型水库62座，涵闸站星罗棋布。目前扬州市已建成各种水利工程 421 处，其中蓄水工程 230 座，蓄水总库容 45.37 亿立方米，兴利库容 7.10 亿立方米；引水工程 94 处，引水规模 1721.72 立方米／秒；固定抽水站 97 处，提水规模 326.79 立方米／秒，深层承压水配套机电井 1274 眼。初步形成了大、中、小和蓄、引、提相结合的水利工程体系，使全市耕地有效灌溉面积达到 729.12 万亩。

第二节 水文化：早茶 沐浴 水诗文

历代以来，治水人物、治水故事、水历史遗迹众多，吴王夫差开邗沟、吴王刘濞开运盐河、传说中的广陵潮、陈登开陈公塘、谢安筑邵伯埭、隋炀帝开运河、乾隆下江南、归江十坝和归海五坝、漕运演变等等，为扬州积淀了丰富的水文化历史资源。

早茶：早上皮包水

扬州别具特色的水文化是：早上皮包水，晚上水包皮。扬州是一座有两千多年历史的古城，长期的安逸生活，沿袭下了许多生活习惯，如早上"皮包水"——清晨去喝一杯早茶再品尝一下特色点心，晚上"水包皮"——去澡堂泡个澡，就是这一带典型的生活方式，也是扬州人最好的享受。

民国笔记小说家颂予《扬州风俗记》作了忠实记录："扬州教场，茶馆林立，群贤毕至，少长咸集，倍可乐也。而抱陆羽之癖者，虽遇到烈风雷雨，不能愆期，盖亦习尚使然。"

扬州人有早上吃早茶的习惯，或约上家人或朋友，或独自一人，出门到富春茶社、冶春茶社等大大小小的茶社，泡上一壶茶，端上一碟干丝和几道点心。在扬州，要说名气比瘦西湖还大的，一定是富春茶社。有人用这样的话来形容它："自从富春开门的第一天起，120 多年来都是顾客盈门。"到过富春的名人数不胜数，朱自清、巴金、冰心、吴作人、梅兰芳等人都在店内留过墨宝。富春茶社首先以茶出名，此茶名为"魁龙珠"，它是用浙江的龙井、安徽的魁针，加上扬州的珠兰窨制而成，取龙井之味、魁针之色、珠兰之香，用一江水融三省名茶于一杯，浓郁而淳朴。用青花大瓷杯端上来，青青翠翠的茶叶浮在上面，好看。

富春的汤包是真正的"皮包水"。蒸熟的汤包单独躺在一个个小笼里，皮薄如纸，几近透明，稍一动便可看见里面的汤汁在轻轻晃动。需要注意的是，汤包味美却难尝。这难就难在一个"烫"字，热腾腾的汤包上来后一定不要心急，小心烫着嘴！桌子上的玻璃杯里插着的吸管，就是方便吸汤包用的。老扬州总结出来的吃汤包心得很实用："轻轻提，慢慢移，先开窗，后吸汤，最后一扫光。"这个要领将食用的技巧刻画得惟妙惟肖。汤包放得稍凉之后，细细品之，蟹黄汤汁的鲜美和浓郁，不是一般地方能品尝到的。

沐浴：晚上水包皮

作为"扬州三把刀"代表性行业之一的沐浴业，自古以来就以丰富的文化内涵驰名大江南北，为推动扬州地方经济的繁荣，发展中外文化交流发挥了不可低估的作用。在改革开放的大好形势下，扬州沐浴文化在继承传统的基础上，大步攀升现代化进程，已经不断升华，并推向全国，走向世界，成为扬州一块响当当的城市名片，也为锻造扬州的绿色产业链显示出不可估量的历史作用。

沐浴是人类生活质量和文明程度的标志之一，它跟随着人类的进步而发展。扬州的沐浴文化源远流长。

早在三千多年前的殷商时代，甲骨文中就有了"沐浴"的记载。"沐"，即指洗脸洗发；"浴"，就是擦洗身体。人类最初的沐浴，多是在河流、湖泊等自然水域中公开进行的。随着社会和文明的进步，渐渐出现了用水壶、水罐舀水相互沐浴。后来，人类逐步产生了沐浴的隐私意识，就又出现了用浴盆自浴。

扬州最早的浴盆，是1993年在城北郊西湖果树地区战国墓葬中出土的60厘米直径的灰陶沐盆，以及形如葫芦瓢、手舀浴水的陶器，这些器具为我们描绘了扬州先民盛水舀水沐浴的快活场景。2200年前，她翻开了扬州沐浴史的第一页。

在扬州汉陵苑博物馆中，有一座从高邮神居山出土后迁移来的汉广陵王墓葬。在这座1000平方米大小的墓葬中，墓室西厢第五进内有一个约10平方米的L型洗浴间，内有完好的双耳铜壶、铜浴盆以及搓背用的浮石、木屐、铜灯、浴凳等一整套沐浴用具。该沐浴间紧靠着墓主人汉广陵王刘胥的卧室，这就从一定程度上反映了汉代扬州人沐浴时追求隐秘安适的心理特征。

此外，从扬州西湖镇蔡庄出土的五代墓中，还发现不少三条腿、四条腿的方型木浴凳，从中可以看出，沐浴对五代扬州人来说，已经十分普及了。

古代扬州还存在宗教性沐浴。

据《事物纪原》卷八所载，唐代扬州在每年的腊月初八这一天人人都要沐浴。这是因为，传说佛祖释迦牟尼降伏了六师后，用法水洗去了六师的心垢。六师即以请僧沐浴除去身垢，回报佛祖。开元三年，扬州官府曾仿效此行，在开元寺设斋供养五百僧人，斋后，"令涌汤浴诸寺众僧"。

每年的农历四月初八是佛祖诞辰。传说佛祖降生时，有二龙吐水为之沐浴。因此，佛教又把是日称为"浴佛节"，扬州的各个佛教寺庙也都焚香结彩，诵读经文，并依照传说故事，以名香浸水，浇灌佛祖释迦牟尼塑像，以兹纪念和颂祝。

与宗教性沐浴十分相似的还有封建时期礼仪性沐浴。在古代，凡皇帝祭天、官府拜神、家族祭祖，以及每逢王朝交替、节令变更，或是家庭中的红白大事，扬州人都要沐浴更衣，以示尊重。

公共浴室的出现昭示着扬州沐浴文化进入了发展期。

宋人吴曾的《能改斋漫录》称"所在浴处，必挂壶于门"，说明在宋代不但已经出现了公共浴室，而且有其专用的行业标记。

自从公共浴室有了统一的行业标记，有了擦背等服务项目，有了大体相仿的形制，有了行业的名称，甚至还有了统一的价格，标志着扬州沐浴文化走过了萌芽期和发展期的漫长历程，终于不断发展，向成熟期和高峰期攀升了。

清代康乾时期，扬州在世界60万以上人口的十大城市中位列第三，成为中外著名的商业城市。在这种背景下，扬州沐浴文化得到迅猛的发展，进入了高峰期。

据乾隆年间李斗的《扬州画舫录》记述："浴池之风，开于邵伯镇之郭堂，后徐凝门外之张堂效之。城内张氏复于兴教寺效其制以相竞尚，由是四城内外皆然。"城内有"开明桥之小蓬莱，太平桥之白玉池，缺口门之螺丝结顶，徐凝门之陶堂，广储门之白沙泉，埂子上之小山园，北河下之清缨泉，东关之广陵涛"，城外还有"坛巷之顾堂，北门街之新丰泉"。在浴室的内部，"以白石为池，方丈余，间为大小数格，其大者近镬水热，为大池，冷者为中池，小而水不甚热者为娃娃池。贮衣之柜，环而列于厅事者为座箱，在两旁者为站箱，内通小室，谓之暖房。茶香酒碧之余，侍者折枝按摩，备极豪侈。"从这段文字中可以看出，公共浴室的设施已比以往更为全面、合理，以至达到豪侈的程度，同时期的仪征人林苏门在他的《续扬州竹枝词》中写道："混堂天下最难开，通泗泉通院大街；八个青蚨人一位，内厢衣服外厢鞋。"可见在当时扬州的公共浴室中，规模最大者乃院大街上的通泗泉。

扬州沐浴文化在清代发展到高峰期以后，同扬州烹饪文化一起，被高度概括为十分生动的两句话："早上皮包水，晚上水包皮。"由此，扬州澡堂不仅名声响彻大江南北，而且，通过盐商、官僚和文人们的交际游历活动，传到了京都皇城，连皇上也不由为之心动。康熙下江南时，地方官例行要礼拜接驾，并为之洗尘。于是，就有了康熙"驾转扬州，休沐竟日"的逸事："洗尘"本是惯例，而"休

小秦淮河

沐竟日"却体现了扬州沐浴非比寻常，难怪扬州的士绅将此事列为"贡事"之一。

伴随着沐浴文化的发展，"扬州修脚刀"行业也日趋成熟，成为闻名海内外的"扬州三把刀"的重要分支和扬州澡堂里的主要服务项目。同时，这一时期的扬州澡堂从业人员开始大量输出到长江南北各大城市，以至成为同行业中人数庞大的"扬州帮"，其组成人员，不仅有扬州修脚师，还有扬州擦背工，甚至包括剃头（理发）和堂口的服务人员，初步形成了沐浴行业中的地方品牌。

1978 年，中共十一届三中全会带来了强劲的春风，扬州沐浴文化自此进入了辉煌期。1988 年以后，有的浴室增设了高档按摩设施，引进了桑拿浴、矿泉浴和香水浴等新浴种。至 2004 年底，全市大大小小的浴室总数已达 520 家之多，其中经营面积在 6000 平方米以上、投资 1000 万元以上的就有十多家。

虹桥修禊 水上诗会

虹桥位于瘦西湖南端，始建于明代崇祯年间。原来是一座木桥，有 16 根桥桩，24 块桥板，桥两侧围着红色栏杆，名"红桥"。清乾隆年间改建成石桥，取名虹桥。虹桥的亭名不仅因为它跨越瘦西湖之上，形如彩虹卧波，而且与文人雅士多次举行虹桥修禊有关。扬州文坛上流传的"冶春""绿杨城郭"这两个富有诗意的名词，都是清初名士王士祯邀约众多文人在虹桥修禊时留下的。

王士祯于 1659 年始任扬州府推官 5 年，他喜欢交游结纳，利用公余时间和文友们游宴酬唱。1662 年，他邀约杜浚、张养重、丘象随、陈允衡、陈维崧诸名士于虹桥举行第一次修禊。1664 年，他第二次主持虹桥修禊。参加者有林古度、杜濬、张纲孙、孙枝蔚、程邃、孙默、许承宣、许承家等文人。

孔尚任于 1688 年三月三日在扬州主持虹桥修禊，"大会群贤"。1755 年三月三日，两淮盐运使卢雅雨曾主持虹桥修禊，袁枚、郑燮、金农等二十多位名士参加。1757 年，他发起更大规模的虹桥修禊，汪士慎、郑燮、陈撰、金农、厉鹗、罗聘、金兆燕等均参加。和修禊韵者七千余人，后编成诗集三百卷，还绘成《虹桥览胜图》，可谓盛极一时。

历次的虹桥修禊使虹桥的名气越来越大，成为清代中叶扬州北部瘦西湖二十四景的第一景观。虹桥修禊作为扬州的一张文化名片，今天的瘦西湖公园又将其恢复、挖掘、发扬光大。

2011 年，首届蜀冈—瘦西湖国际诗人雅集举行。这是首次在全球化语境下，把扬州作为世界时间空间坐标系的汇合点，让当代中文诗创造性转型，直接和国际著名诗人面对面交流，使世界参与中国：英国诗人们亲历历史悠久的"虹桥修禊"仪式，亲自动手把清朝汪沆命名瘦西湖的《红桥秋禊词》翻译成古雅的英语诗，从而体验诗歌在中华古典文化中的核心价值；同时使中国汇入世界：中外诗人聚会美丽的瘦西湖畔，共同研讨"传统与现代"这个 20 世纪中国文化思想的核心命题，既反思困境，又激发能量。

2013 年 4 月 11 日，首届"国际诗人瘦西湖虹桥修禊"活动聘请了来自英、美、德等国的国际诗人，有皇家文学院院士、最著名的艾略特奖与前进奖多次得主奥布莱恩；英译大型中文当代诗选《玉梯》的主编赫伯特；美国诗人协会会长施加彰；柏林艺术节艺术总监、柏林世界文化宫艺术总监萨托留斯等，中国诗人有唐晓渡、西川、翟永明、于坚、杨小滨、姜涛。整个项目的主题定位为"全球化语境中的本地深度"。活动中，中外诗人参加了虹桥修禊仪式，进行中外诗人互译与专业内部研讨，特别是与扬州民众一起，在瘦西湖上举行大型"曲水流觞"诗歌观念、行为艺术项目，形成古典、当代诗歌共咏，中文、外语诗人雅集的盛况。

2015 年，又举行了虹桥修禊活动。不同的是将原定于农历三月三日上巳节举办的国际诗人瘦西湖虹桥修禊，由春禊改为秋禊，改于 9 月 26 至 29 日举行。活动中，中外诗人及嘉宾手持兰草，身佩辟邪祈福香囊参加"虹桥修禊"秋祀活动，延续过去古老的方式，如虹桥芳信、奏乐焚香、禊词祝祷、酾酒祀秋、兰泉洒沐、天降诗雨等仪式依次进行，随后"绿杨城郭曲水流觞"，这些中外诗人及嘉宾乘船分别从相对方向在水上环绕瘦西湖虹桥修禊景区一周，与沿岸联诗对举行互动觞咏联诗。

扬州每年举办的"虹桥修禊"活动既恢复传承了中国古老的修禊文化和诗歌

传统，又复活与振兴了千秋诗城扬州以虹桥修禊为代表的诗性文化和雅集传统，构建打造当代诗歌、艺术及文化交流的可持续高端国际平台，助力扬州跻身世界文化名城之列。

扬州起于瘦西湖的诗文活动还有冶春后社。康熙年间刚开始时叫冶春诗社，故址在虹桥西岸，曾为二十四景之一。嘉、道以后，此景荒废。民国四年，湖上建徐园，复建冶春后社。冶春后社一直活动至民国年间，那些诗人们成为旧中国扬州的最后一批有影响的文人群体。

扬州与水有关的文化还有不胜枚举的诗人赞水、画家写水的作品，还有人把水上画舫、瘦西湖船娘也作为扬州的水文化，这些都是由水演绎而来，名不虚传。

第三节 水资源：贫富严重不均

扬州市位于江苏中部，南濒长江，东邻泰州市，北接淮安市，西与南京市六合区及安徽天长市交界。现辖区域在北纬 32 度 15 分至 33 度 25 分、东经 119 度 01 分至 119 度 54 分之间。扬州城区位于长江与京杭大运河交汇处，北纬 32 度 24 分、东经 119 度 26 分。全市东西最大距离 85 千米，南北最大距离 125 千米，土地总面积约为 6634 平方千米。其中长江流域 1766 平方千米，淮河流域 487 平方千米，总人口 453.61 万人，其中城镇人口 170.58 万人，约占总人口的 38%。人口密度 684 人／平方千米。

扬州市境内有一级河 2 条、二级河 7 条、三级河 2 条、四级河 4 条，总长 593.6 千米，多年平均径流总量 16.9 亿立方米。境内主要湖泊有白马湖、宝应湖、高邮湖、邵伯湖等。境内有长江岸线 80.5 千米，沿岸有仪征、江都、邗江、广陵等一市三区；京杭大运河纵穿腹地，由北向南沟通白马湖、宝应湖、高邮湖、邵伯湖，汇入长江，全长 143.3 千米。除长江和京杭大运河以外，主要河流还有东西向的宝射河、大潼河、北澄子河、通扬运河、新通扬运河。

扬州市境内地形西高东低，仪征境内丘陵山区为最高，从西向东呈扇形逐渐倾斜，高邮市、宝应县与泰州兴化市交界一带最低，为浅水湖荡地区。扬州市 3 个区和仪征市的北部为丘陵。京杭运河以东、通扬运河以北为里下河地区。沿江和沿湖一带为平原。

扬州市年际变化大，扬州市地处亚热带湿润气候区，季风显著，冬冷夏热，四季分明。据水文资料统计分析，多年平均降雨量约 1030.60 毫米，其中降雨多集中在 6—9 月，常年蒸发量为 700—1000 毫米。扬州市地表水隶属长江、淮河水系，区内河渠纵横，湖荡交错，水网密布。长江流经其南部，新通扬运河横穿东西，京杭大运河纵贯南北，现已成为南水北调之主要干道。研究表明，地表水资源量 39.64 亿立方米，地下水资源量（浅层）11.97 亿立方米。

扬州水资源的主要特点有：

当地径流时空分布不均，可利用量低。当地径流与降雨基本一致，分布不均，南部多于北部，沿江大于丘陵、高砂土地区；各年之间降雨径流量差异较大，最大年雨量 2013.3 毫米（1991 年三垛站），最小年雨量 4l4.8 毫米（1978 年月塘站）；年内分布不均，径流主要发生在 6—9 月（即汛期），汛期的 4 个月的径流量约占年径流量的 70% 左右。当地径流主要为弃水，因城市面积小，雨洪难以利用，而在干旱时前期降雨所产径流往往水质较差，可利用价值低。

外来水量充沛。过境水是扬州市水资源的重要组成部分，主要为长江上游来水和淮河雨洪弃水。长江多年平均流量为 28300 立方米／秒，多年平均径流量 8925 亿立方米，是城市集中供水主要的供水水源；淮河雨洪弃水是城市工业自备水、市区河道调水冲污及环境用水的主要水源。县级城市受外来水影响较大，降雨量丰沛时受淮河上游来水影响，降雨量少时受引江能力影响。

地下水质较优，但开采潜力有限。从开采应用的角度，地下水通常分为浅层地下水和深层地下水两大类。浅层地下水埋深一般在 30 米以内，与降水、地表水有直接的水力联系。开采后，水量容易得到补充，恢复周期短，但易受地表污水的污染，水质不及深层水稳定。深层地下水，埋藏在隔水层以下，不易受污染，水质较好，且较稳定，但开采后补给条件差，目前主要用于补充人口比较集中、工业比较发达的城镇居民生活和工业用水。扬州市内深层地下水中富含有益于人体健康的可溶性二氧化硅及其他多种微量元素，是优质水源，仅江都市境内就有邵伯油田、华阳水厂、高徐水厂等许多井点经省级鉴定为优质天然饮用矿泉水。市内主要以开采第 Ⅱ、Ⅲ 承压水为主，全市地下水开采量约 6000 万立方米左右，但局部开采量大，已经超采，需严格限制，如开采相对集中的城区（含邗江区）和仪征市，已占允许开采量的 60% 以上。

第四节 水环境：治城先治水

扬州境内河湖广布，水系发达，构成了水上都市。但以前多数河道缺乏有效治理，水体污染严重，有的变成了臭水沟，有的淤积严重，面临干涸废弃。随着

江堤

城市环境整治力度加大，扬州的水环境治理也提上重要日程。瘦西湖水环境治理打响了第一枪。

历史上的瘦西湖，是在不同时期、不同条件下陆续形成，河道的深浅宽窄没有统一规格。清代以来开始进行大规格整治，特别是乾隆二十六年的大疏浚，各段河道得以统一标准。1957年7月1日，瘦西湖公园经整建后对外开放。

但瘦西湖周边水网密布，居民生活区密集。由于没有流动活水来源，瘦西湖不具备水体自净能力，水质日益恶化。上世纪90年代，瘦西湖水质已经达到劣Ⅴ类，水环境整治刻不容缓。

2000年，扬州市政府启动瘦西湖水环境整治工程。工程概算总投资1.97亿元，内容主要包括引水入湖、污水截流、河道整治、闸站工程、河湖监控五个部分。2002年工程竣工，全面完成周边生活污水的截流及河道的整治清淤。建瘦西湖水泵站，引邵伯湖水注入瘦西湖，以源头活水不断推动湖水更新。对保障湖、瘦西湖、二道河、漕河、北城河、安墩河、玉带河、小秦淮河、念泗河等"两湖七河"进行清淤、护岸和绿化等综合整治。敷设邗沟河两侧、漕河北侧、玉带河两侧、北城河北侧、高桥南北街、瘦西湖两侧念四路—二道河污水管道17.6千米，对瘦西湖地区实施污水截流，根除湖体污染源。对便益门闸、高桥闸、钞关闸、二道河闸和响水闸等进行翻建，以调控瘦西湖及内河水位，使河湖相通，河水自流。

与此同时，一个全力推进控源截污、河道整治、生态修复、长效管理等城市骨干河道综合整治工程也在全市更广阔的范围内展开推进。

现在的漕河风光带是扬州北区的一大景观。漕河又名高潮河、高桥河。东临运河，西接市河。此河曾是宋大城的北城濠，因是运草入城的便道，所以长期又名草河。2003年实施的漕河整治工程东至高桥闸，西到友谊桥，绵延1.6千米。在整治中引进了河道景观的理念，将漕河历史、扬州水文化和扬州城市特色整合在一起，构建了"漕运"标志区、市民健身区、生态植栽区、文化休闲区等四个景观段，使漕河成为集历史文化解读、生态园林景观游赏与市民健身娱乐为一体的河滨公园。

保障湖是瘦西湖换水中的重要一站。瘦西湖引水总站抽引邵伯湖水经过5.7千米引水管线进入保障湖，在此等水质净化后再注入瘦西湖。因此保障湖生态状况直接决定了瘦西湖的水体质量。但长期以来保障湖受附近大量农田、水田施肥及农药的影响，夏季湖水富营养化程度一直偏高，甚至时常暴发绿藻。2007年，保障湖实施了水生物净化水质工程，湖内栽种菖蒲、伞草、水鳖等20余种水生植物，植物面积达3万平方米。通过清淤、沟通、扩大植物配置、构建生态系统、建立生态水景、模拟自然生态环境，达到水体自净效果。

杨庄河为市区一条穿越几个小区的重要河道。2008年实施治理工程，在蒿草河至新城河段，首次将水处理技术应用到河道水质改善中。通过安装潜水泵、安装曝气转刷、球形生物接触氧化填料、岸坡绿化等，种植水生绿化浮床3000平方米，河道水质彻底改变。

在大规模整治中，扬州先后对北城河、邗沟河、宋夹城河、保障湖、瘦西湖、小秦淮河、二道河、头道河、念四河、玉带河、安墩河、漕河、蒿草河、四望亭河、新城河、杨庄河、沙施河、官河、冷却河、沿山河东段等20多条、长50多千米的市区河道进行了系统整治，共计新增绿化29万平方米，疏浚土方逾55万立方米，砌筑驳岸5万多米，铺设小道8万多平方米，并进行亮化、美化。使城区河湖相通，活水长流，河水常清。

唐子城护城河位于蜀冈—瘦西湖风景名胜区内，总长约7.7千米，河宽有60—80米，因长期荒芜，河上被人们筑起了数十道大小堤坝，把河道分隔成一道道水田、鱼塘和稻田菜地，更有部分河段被墓地和经营房屋侵占，仅存局部细流段，也是淤塞严重。后来市政府投资3.5亿元对河道清淤整治，局部进行水景观展示，建设旅游配套设施。

第五节 水生态：诗意栖居的胜境

今日扬州，绿杨城郭，湖池环护，河道纵横，织成城市迷人的经纬线，沿岸是星罗棋布的百姓人家，傍水、依水、亲水、戏水，铺陈出一幅幅美丽幸福的水居图，散发着诗意的芬芳。这一切为扬州开展城市水景观、水文化旅游带来了契机。近年来，扬州先后推出了一系列各具特色的水上游览线：瘦西湖乾隆水上游、古运河水上游、荷花池—瘦西湖水上游、瘦西湖—宋夹城水上游、绿杨城郭水上风情游等。不仅城区形成了一条条以水为主题、长达 20 多千米的环城水上观光线路，而且借助运河水路串联起扬州与周边县市，组成各具特色的多种水上游览观光线路，打造了区域一体化的大旅游产业。这一切又都源于在水环境治理中，扬州一直注重延伸水环境的内涵，拓展水环境的功能，达到人与水、自然和文化的和谐，形成具有个性魅力的城市水环境。

注重生态系统。在城市水环境整治中，为了充分发挥水环境的生态效能，既注意尊重自然所具有的多样性，又注重保障和创造满足自然条件的良好的水循环，同时又使水和绿洲形成网络，避免生态体系的互相孤立存在。如在古运河整治时，利用自然石料和水生植物恢复水体的自净能力，在河岸的高水位淹没处增加了大量的生态绿化区，保障鱼和动物的生息环境，在确保河流的防洪、水资源利用功能的同时，创造出优美的自然环境。

在整治水环境的过程中，扬州充分运用"以人为本、尊重规律、人水和谐"的治水理念。对于二道河等处在居民新村附近的内河，规划设计首先考虑为附近城市居民创建优美的滨水人居环境。在漕河风光带公共绿地空间中，临水安排了大量的铺装广场，设置了较舒适的座椅，让人近水观赏，游赏水景。按照人体行为工程学原理，安排了多种健身设施与器具，创造了舒适的休闲健身空间环境。

重视突出亲水特征。充分展现人和水的景观关系是河道整治中运用的又一治水理念。大量水岸服务设施的设置，如曲艺广场、水上廊桥、观景廊架、亲水平台、河滨散步道、自行车道、护岸、栈桥、微型泊船码头、河滨主题公园等等，借此形成因水成街、因水成路、因水成市、因水成景、因水成园的构架，体现拓展水岸艺术空间的景观构想，让市民、游人能与水亲密接触，满足人们对亲水性的要求。

大力彰显文化内涵。一是以"护其貌、美其颜、扬其韵、铸其魂"为原则，保护和整合唐城、宋城、明清古城等古城遗址和历史河道；二是通过利用主干道与水域景观廊道交叉的空间节点，设置一些具有文化内涵的茶室、亭廊、小品、雕塑，尤其是建造一些历史景观桥，结合各河道的水域特色及其所蕴含的人文艺术与文化内涵，塑造浓郁细腻的都会水系概念，突显扬州高品位水岸空间印象；三是以精心的空间概念规划、空间机能设计，大量运用扬州市树、市花编织出春、夏、秋、冬四季的韵味；四是建设扬州城市水环境展览馆，对扬州水文化的发端和演变等进行集中展示，使之成为水上扬州、文化扬州的缩影。

积极满足景观要求。让扬州城内的水环境成为一道道亮丽的风景线，以拓展旅游城市内涵，促进旅游业发展。水环境的景观性主要体现在二个方面：一是自然地貌景观，在对河道进行整治时，既充分利用原有的自然地理生态资源，又对一些历史遗留和演替形成的著名的地貌适当加工整理，再生利用；二是造型景观或意念景观，通过设计思维创立理念，运用多种园林植物、园林景观小品和构筑物，及各具特色的建筑景观，彰显扬州文化与生态的有机结合，展现一幅幅优美的诗画胜景。

在上述理念的引领下，扬州市区河道焕然一新。

全长13.5千米的古运河风光带，亭台楼榭，垂柳依依，滨河步道疏密有致，情趣十足，移步易景，成为市区一道靓丽的景观，成为人们品运河文化、赏运河风光的"休闲外滩"。

漕河在清代是一条从运河进入扬州城的水上通道。据记载，乾隆皇帝南巡，盐商在河两岸建筑亭台楼阁、山石树木，漕河沿岸成为一道连绵不绝的园林景观，题名"华祝迎恩"，所以这条河在当时又名迎恩河。漕河治理工程借鉴历史，在5千米沿岸打造了具有扬州古典园林特色的风光带，集历史文化解读、情景再现与生态景观、健身休闲于一体。

沿山河本是防洪屏障，风光带遵从生态性、文化性、经济性兼备共荣的设计理念，在沿河绿化带中设置了映月广场、亲水观鱼池、假山迭水、扬帆等主题景区，着重构筑步移景异、流动感强的亲水景观，成为城区民众亲水休闲、体验水工程、水环境魅力的又一标志。

亭榭家家傍水开，个中原唤小秦淮。小秦淮北接东大门东水关，南接古运河，贯穿于扬州新旧城之间，旧时两岸楼台栉比，河里画舫云集。历史上几度淤塞，多次疏浚。2003年治理后，清波荡漾，垂柳夹岸，沿河房舍整齐，步道平坦蜿蜒，景随步移，成为一处宁静优美的人居佳境。

二道河位于扬州市中心，北与瘦西湖大虹桥水域相接，南连荷花池公园经安墩河与古运河相通。此河原是宋大城的西濠，又称西门外濠。整治后水面曲折逶迤，波光潋滟；两岸楼台林立，花柳拂水，叠石嵯峨，喷泉播雾，灯光幻彩。沿河又建有多座半月形亲水平台，既可作游船的码头，也可供居民休闲散步、戏水赏景。

融生态、环保、人居、交通、旅游为一体的"京杭运河十里风光带"，在保

留了原生天然湿地植被的基础上，营造了生态护坡，融合绿化和园林景观设计，形成凹凸有致的立体风光带，与开阔高远的河天绿野呼应交融，碧波浩荡，百舸争流，绿茵盈野，气象万千，彰显着独特的景观魅力，渲染着现代都市的大美气象。

瘦西湖 2006 年综合保护工程启动后，累计投入 30 多亿元，建成 3000 亩的开放式生态公园、1500 亩的人文湿地景观、11 千米的窈窕曲折水上游览通道，让原来只有 1.1 平方千米的瘦西湖公园扩容了近 5 倍，并将其纳入扬州永久性绿地保护区域。现在的瘦西湖不仅重现"两堤花柳全依水，一路楼台直到山"的盛况，

江淮生态大走廊

而且湖区内湿地温泉、湖光山色、红桥画舫、琪花瑶草，交织成一幅缱绻旖旎的美丽图画，成为扬州亲水人居、精致生活的典范。

荷花池，原名南池、砚池，因池中广植荷花而得名。它位于瘦西湖与古运河之间，有着深厚的历史积淀。清初盐商汪玉枢在池边建别墅，名南园，又因园中有九座稀奇珍贵的太湖峰石而名九峰园，为当时的扬州八大名园之一。乾隆皇帝南巡，对九峰园喜爱有加，最后硬是要走了两峰放到自家宫苑才满足。荷花池北边紧连的则是八大名园中的另一座，即明代造园大师计成为明画家郑元勋设计建造的园林，大书法家董其昌根据此地柳影、水影、山影俱佳，为它取名影园。影园在造园史上占有十分重要的地位。整治后的荷花池成为一个开放式的城市水上公园。湖上碧波荡漾，荷花映日，船舫悠游；岸上绿荫参天，廊庑逶迤，亭榭楼阁，环池分布着居民楼，风景优美，居游两宜，成为居民最爱的亲水休闲场所。

明月湖是 2004 年初开挖的一条人工湖，12.6 万平方米的宽阔湖面，与全长 372 米、宽 33 米的造型优美的跨湖大桥构成完美立体。沿湖 9 万平方米的绿化景观中间分布着双博馆、国展馆、文化艺术中心、京华城等现代商贸文化艺术建筑组团，构成了西区新城人文与自然水乳交融、和谐一体的大生态景区，也是扬州水生态文明建设的完美典范。

宋代扬州由三座城池构成：大城、保祐城以及两者之间的夹城。2009 年以来，扬州在这片瘦西湖—保障河水系环绕的宋夹城遗址上复建宋夹城，城楼以宋代城池形制为参考，以双瓮城形式展现，以现场地下考古以及得天独厚的周边自然条件为依托，先后建成总占地近 1000 亩的宋夹城遗址考古公园、宋夹城生态湿地公园、宋夹城体育休闲公园三位一体的城市公园。这里是扬州唯一一座集生态、休闲、运动、文化于一体的全民健身体育公园。由于采用了综合整治与严格生态保护并重的策略，致使河湖环绕的宋夹城保存了优良水质和天然绿色植被，彰显着原生态湿地景观的隽永魅力。

......

扬州全市共有县乡河道 2300 多条，村庄河塘 3.2 万口。这些村庄河塘，由于粗犷的生产生活方式，以及基础设施与公共服务体系的欠缺，水环境恶化、水污染程度日益加重。进入新世纪以来，扬州市相继启动了以全面整治改善农村水资源环境为先导的碧水工程的水美乡村创建。2002 年启动的碧水工程，从县乡河道疏浚和村庄河塘整治入手，系统展开农村河道疏浚整治。对农村水系重新进行了科学规划，全面理顺了河网体系。在恢复、强化乡村河道防洪排涝功能的同时，重视水环境、水生态的复兴重建。随后实施河道轮浚机制，落实河道长效管护"河长制"，完善水利基层服务体系，使乡村水系整治效果得以长期稳定保持。

碧水工程让广袤农村田野的残沟剩水化作清流归漕，紧接着展开的水美乡村创建，则让归漕之水朝向民生幸福的目的地潺潺流淌。现在，全市农村有效灌溉面积达到 90% 以上，旱涝保收农田面积达到 85% 以上，节水灌溉工程面积达到 90% 以上。农业灌溉用水和饮水安全得到充分保障。

揽月河绿化风光带

第六节 水利用：多措并举综合开发

水对扬州不仅是灌溉、运输，还与很多产业密切相关。扬州将水工程建设与水资源保护、水生态修复、水绿化配套、水景观再造、水文化提升及产业开发等密切结合，打造了一个美丽扬州、和谐扬州。

扬州的水利工程可以分成三大类：一是以人造建筑为主体的水利工程风景区；二是承担着重要水利功能的江河湖泊水利生态风景区；三是拥有丰富独特的历史文化积淀的水利文化风景区。

水利工程风景区是在对水利工程进行新建、改建时，优先考虑水土保持、水资源保护等生态问题，利用闸、站、桥、渠等水利工程独特的资源条件，进行相关建筑物与自然景观的和谐配置。在同步实施水利工程与管理的功能需求与基础设施、保证水利工程安全运行和水利生态环境平衡的前提下，充分挖掘开发相关自然人文景观资源，让功能单一的水利工程区变成能游赏的多功能风景名胜。

水利生态风景区是在天然河湖类水利工程建设中，依托和利用得天独厚的资

源优势和环境优势，规划筹谋，充分整合毗邻地质、地貌、气象、林业、农业、历史文化遗产等旅游资源，丰富旅游产品，发展生态观光度假旅游，打造特色休闲度假风景名胜区。

水利文化风景区是以水为载体，以文化为纽带，使文化成为扬州水利风景区的灵魂。如古运河扬州城区段水利风景区，集长江与运河、天然与人工、历史与现实、经济与文化、新线与老线、城市与乡村于一体，串缀着沿岸几十个人文景点，构成了一条色彩斑斓、风情万种、景色各异、内涵丰富的旅游线路。

扬州目前共建成国家级水利风景区4处：邗江区瓜洲古渡、宝应湖风景区、凤凰岛水利风景区、古运河风景区；省级水利风景区5处：宝应县射阳湖、北河水利风景区、江都区沿运灌区、高邮市东湖、润扬河水利风景区。

目前扬州全市水域面积 1735 平方千米，水系条件优越，江河湖库水系连通性较好。对湿地、湖泊，扬州的做法就是在治理的基础上保护，在保护的前提下开发。多年来，已经建成 84 个重要生态功能保护区。主要做法有：一是依托湖泊生态资源培育产业群，形成休闲产业、观光农业、观赏林业、生态牧业、特产加工业和特色文化、娱乐业等混合发展模式；二是依托湖泊的生态文化资源，发展集度假、休闲、观光、娱乐、修学、疗养等多功能为一体的湖泊旅游项目；三是依托湖泊旅游开发，打造湖区旅游与滨湖城镇建设关联模式，在向游客提供全方位产品服务的同时，带动区域经济文化的整体发展。在这些湖泊、湿地中，又以高邮湖、宝应湖、白马湖、邵伯湖、射阳湖"五湖"和七河八岛湿地为代表。

万福大桥

高邮湖方圆 760 平方千米，是中国第六、江苏第三大淡水湖。它盛产 60 多种鱼、虾、蟹、贝、莼菜、芦苇等动植物，生态物种丰富，以拥有悠久历史的高邮麻鸭最为著名。近年来，高邮依托湖泊资源，发展生态旅游，先后推出古运河旅游、东湖湿地公园、界首苇荡渔家乐、临泽度假山庄等一大批生态景区。

宝应湖位于宝应县西部，东以贯穿宝应县境内的京杭大运河为界，北与淮安市接壤，南到高邮湖，西邻白马湖，与洪泽县、金湖县隔水相望，总面积约 140 平方千米，属浅水、封闭型湖泊。它是南水北调东线工程输水干线上第一个调控节点，同时也是南水北调的补给水源。水质良好，生态优越，盛产野鸭、茳蒿、莲藕等多种野生动植物，其中鸟类就达 147 种，丹顶鹤、白天鹅等珍稀鸟类经常栖息于此。近年来，宝应实施"全面规划、积极保护、科学管理、永续利用"的方针，将京杭运河以西面积为276.99平方千米的区域划定为自然保护区。该区将围绕"水、绿、野、趣"做文章，打造"北方小江南"。目前已经建成的生态园呈现出湖水浩森、原野广袤、芦荡深深、百鸟齐鸣的美丽画面。此外，水上快艇、跑马场、动物园等一批旅游项目已经建成。今后，荷文化博物馆、未来水世界、芦苇乐园等多个项目将投入施工。

白马湖古称马濑，位于高邮湖之北，洪泽湖之南，面积113.4平方千米，水质纯净，水生动植物资源丰富。它是众多曲曲折折、大大小小湖泊的总称，因形态酷似一匹白马而得名。白马湖是南北北调东线上游重要的过境湖泊，定位为长三角地区著名的湖滨生态旅游和休闲度假基地，以及省内重要的生态保护和涵养区。

射阳湖位于宝应县东北，现有面积约8平方千米。公元前486年吴王开邗沟，东北通射阳湖，此后至北宋，射阳都是苏北平原上面积最大的湖泊。1128年黄河夺淮后带入大量泥沙，射阳湖群从此进入快速淤塞和湖面萎缩时期，变成许多大小湖泊荡地。清末后湖区多淤为荡滩，垦为农田，水体也成为长条状的河道型湖泊。现在射阳湖镇依靠湖区14万亩滩地，建有江苏省环保局命名的"有机藕生产基地"和国家发改委"优质稻米生产基地"。

扬州东部江广融合地带是目前扬州最大的湿地区域。其生态核心区东到高水河，西至京杭大运河，南至万福路，总面积46平方千米，其中水域面积14.9平方千米。此区域为扬州水路交通和淮水入江的重要走廊，归江七河纵贯南北，由其分割而

二道河

成的八个岛屿横列东西，俗称"七河八岛"。"七河"自西向东分别为：京杭大运河、壁虎河、新河、凤凰河、太平河、金湾河、高水河。八个岛屿自东向西分别为：聚凤岛、芒稻岛、金湾岛、自在岛、凤羽岛、山河岛、壁虎岛、新河岛。这里还浓缩着扬州水利史上许多重要建筑及遗迹。区域内归江河道上有1959年至1973年陆续建成的万福闸、太平闸、金湾闸、芒稻闸、盐运闸等重要控制工程。还有众多归江河道、归江十坝遗迹、开挖河道堆成的小岛、各种桥闸等水利遗存。根据扬州规划，此处被作为未来扬州的行政服务中心、金融中心、商务中心的汇聚叠加之地，特别是"七河沿线""八岛区域"生态核心将作为"城市绿肺"。

扬州也是江苏省地热资源最丰富的地区之一，扬州是江苏省乃至长三角地区的第一座也是唯一的一座"中国温泉之城"。扬州地热具有"温度高、分布广、储量大、水质好"的特点。据专家推测，扬州地热资源储量达12万方/日，开发利用潜力巨大。现已钻成的地热井13口中水温超过70℃的就有5口，可开采量每天可达12万立方米。近年来，扬州市有关部门一直谋划利用这一资源助推旅游产业转型升级和服务于医疗、种植养殖等。根据《扬州"中国温泉之城"发展建设总体规划》，确定了"一个中心、四大板块"的温泉产业总体布局，提出加快推进瘦西湖、七河八岛温泉旅游度假示范区、江广新城地热集中供暖制冷示范区等8个地热温泉开发利用示范区建设，到2015年底建成国家级度假区1个、省级度假区4个。

第七节 水饮用：河水、井水到自来水的嬗变

扬州地处长江中下游平原，北有湖泊，南有运河，地上水资源十分丰富。在现代城市供水系统出现以前，扬州人饮用水最初是从江河、湖泊及地下水中直接取用的。居民群众吃水靠人挑（除水井外，饮用运河水需靠人挑或使用独轮车运水），民国时期，扬州城区用水主要由福运、东关、钞关诸门用独轮车推水进城。居民饮用河水需雇人送水，木制手推独轮车两侧各置一木制水箱将古运河水送至各户，按年、按季或按月包水收费，也有按水量计费或随送随收费的，一直到60年代。而井水，自古一直是扬州人取水的重要途径。

扬州万井提封

"星分牛斗，疆连淮海，扬州万井提封。花发路香，莺啼人起，珠帘十里东风。"宋人秦观的《望海潮·广陵怀古》佳句向后人描写了当时扬州城里的盛况。

当时八户人家用一口井，扬州有上万口井。这里的"万"还只是概数，可见当时扬州城的人口规模，以及井之多。

扬州地下水质优质，清洁度较高，凿井取水十分方便。在扬州的史料中，有大量的关于水井的记载。从现存的史料看，扬州历史上水井众多。但扬州历史上到底有多少口井，已经无法统计。在新中国成立初，扬州老城区还有1499口井。到1959年，由于城市建设，大量水井被填塞，市区存水井1187口。1985年扬州老城区还有600余口水井。

东风砖瓦厂在扬州北郊取土制坯时，发现汉代陶井80口。到唐宋时期扬州已普遍使用砖井。隋唐时的蜀井是尚有遗迹可寻的扬州最早的古井。据《江都县志》记载，蜀井在府城东北蜀冈禅智寺侧，其泉脉通蜀，味甘洌。赵有成题《蜀井》诗云："蜀泉原是隋宫地，古寺云深鸟乱啼。井内流泉仍自涌，汲来清洌供招提。"

大明寺西园内的天下第五泉在唐时已有记载，唐代张又新在《煎茶水记》中引用刘伯刍的话，把全国宜煮茶之水分为七等，扬州大明寺第五。

老城区可考的最古老的井是宋代的，位于原古旗亭莲桥东巷，井栏镌刻有"宋嘉熙四年，□庚子至节昌沙门法基"字样。1987年拓宽琼花观街，宋井得以保存。扬州可以确定是宋代水井的还有琼花观后的玉钩井、老南门的宋井，近郊宋家庄也有一口宋井。

到了明清，扬州的井就更多了。但现存的一般是居民用的水井。

史料记载有名的，如在两淮盐运司内的董井，就相传是因西汉大儒董仲舒首任江都相而得名。据《扬州览胜录》卷六载："董井在运署内。运署本为董子故宅，相传旧有井曰董井。"关于扬州董井，是从明《嘉靖惟扬志》开始记载的。董仲舒任江都相是在西汉，当时扬州城当在蜀冈之上，而不是今董井所在小秦淮之东的位置。

扬州市博物馆内保存了一口汉井的内壁陶管，它是在蜀冈东段的东风砖瓦厂一带出土的，这口汉井用陶圈组成的井筒从地面至底部拼接成竹节状，再用砖块、石块、杂土填空，又称陶管井。董井与此井形制显然相差甚远。

明代陆昴有诗曰："董相千年宅，寒泉澹古井。辘轳已无声，寂寞悲断绠。"我们推断，这井决不会迟于明代。后来清兵驻营扬州时，也曾饮井中之水，清人吴嘉纪为此题《董井》诗曰："一泓汉家水，苔深汲者寡。当日供大儒，今日饮战马。"

除董井外，扬州远近闻名的还有青龙泉、桃花泉、双井、广陵涛等。它们都随着时光的变迁，渐渐消失了。青龙泉原位于天宁门街 35 号。《天宁寺青龙泉记》碑刻记载："天宁之为寺，肇于晋，历千有余年。"这段话也可作为天宁历史的佐证。青龙泉之名来源于当初掘土时发现古井，并获古龙背镜，故称青龙泉。桃花泉在原盐政衙门内。因曹雪芹祖父曹寅任扬州两淮巡御史时作《桃花泉》诗序，而声名远扬。后因井水受污染、水质变坏而被填废。

清代扬州在南柳巷有水巷，在水巷口河边，有泉一眼，色清味冽。水长则没，水落则出，非烹茶酿酒不常取。

双井处于淮海路东岳巷对面。清嘉庆《扬州府志》中记载，双井在西门内。《芜城怀旧录》中记载："双井有大井栏二，附近居民晨夕汲之不竭，水味甘，煮茗最佳。"到了民国，在修筑马路（今淮海路）时填废。广陵涛有"邗江无二水，广陵第一泉"的名头，大体在今泰州路田家巷口偏北，记载中，它处的位置最为特别，在东关城门的南墙根，一半在城洞，一半外露。后来在拆城脚时填没。

扬州有文字记载的名泉还有位于甘泉路大实惠巷的四眼井，常府巷据说是明常遇春赐第，巷内的四眼大井，水源旺盛，清澈透明，为扬州著名的水井之一。广陵路 62—1 号的水碧泉是清嘉庆十六年（1811）石潭老人在原本杨姓住宅遗址上的旧井清浚后，以唐代诗人白乐天"蜀井水碧"之句，将井命名为水碧泉。井栏上镌刻有："宅东旧井污潦不食，今夏重加甃治，其色清碧，其味甘冽，与岷水无异，盖邗水本于岷江源流。白乐天有'蜀江水碧'之句，即以'水碧'二字名吾井。"明清都有记载的考场是作为练兵习武之用的，今教场四周还遗留有四井：北角马神庙井，东南角得胜桥井，西南角松风巷井，西北角小井巷井。四井形式各异，且遥遥相对，结构超过一般水井，为明末清初所凿。

第五水厂，扬州的"最高级时代"

改革开放以来，特别是近几年来，全市各级政府高度重视城乡饮用水安全问题，在完善城乡供水规划、推进供水设施建设、实施区域供水工程、提高安全供水能力等方面开展了大量的工作。

时光定格为 2010 年 5 月 30 日下午，位于头桥境内的扬州第五水厂正式竣工通水，由此市自来水总公司日供水能力达到 60.5 万吨，增加了 1/3，为扬州市大力推进区域供水工作打下基础。

第五水厂于 2007 年 4 月由江苏省发改委批准立项，设计单位是中国市政工程中南设计研究院。主要构筑物及设备包括：混合絮凝沉淀池、V 型滤池、反冲洗泵房、清水池、送水泵房、加药间、废水回收池、污泥调节池、污泥浓缩池、脱

水机房、变电所等。工程总投资 3.89 亿元，建设周期为 2008 年— 2009 年。

　　在扬州第五水厂竣工通水仪式现场，不少嘉宾喝下了直接从水龙头里面放出来的自来水。这自来水怎么不烧开就能喝？据介绍，经过检测，第五水厂水质的各项指标，均达到并优于世界卫生组织饮用水质量标准，可以直接饮用。水质这么好的水是怎么来的呢？第五水厂水源取自长江三江营段主航道，取水口位于三江营夹江口上游 1500 米，处于规划的三江营南水北调东线工程水源保护区内。该段是扬州市境内最好的水源。第五水厂采用了现代化的设施，像投资 100 多万元的自动控制活性炭投加系统，可根据水质情况，自动投加活性炭。这里的检测人员可以通过在线监测仪，对从取水口到出水口的水质进行全程监控，显示屏上显示的浊度等数据就能直接体现出水质的好坏。同时，第五水厂的净化工艺也是目前国内最先进的，并设置了深度处理工艺流程，出厂水水质达到全部 106 项标准，可应对各种突发情况。

　　第五水厂是扬州自来水厂建设的"最高级时代"。回顾扬州自来水厂建设，

经历了从无到有，从一个到多个的过程，产水工艺越来越精，生产标准越来越高。

万福源水厂位于万福闸旁边，始建于1977年，原为第三水厂一级泵站。1984年扩建后输水规模15万立方米/日，新老泵房合并成立市自来水公司源水厂，是第一水厂和第三水厂取水口。1998年3月市自来水公司源水厂更名为万福源水厂。2002年投资200多万元改造万福源水厂配电设施。

瓜洲源水厂位于瓜洲镇运西园林场，1996年建成投产，原为第四水厂取水泵房，1998年3月更名为瓜洲源水厂。2004年1月在长江取水口设置浮漂，封闭围护。

第一水厂是扬州最早的水厂，1964年工程竣工供水。1989年4月，市自来水公司实施一水厂扩建10万立方米/日工程，工程分两期实施，1989年11月一期工程开工。主要项目包括建造8000立方米清水库，改造源水厂机泵及调整管道，铺设源水厂至一水厂管径1200毫米浑水管道5700米，新建沉淀池、滤池、水塔各一座，建成后增加供水能力6万立方米/日。1991年7月，工程竣工供水。1992年5月，二期工程开工，主要项目包括拆除原有一水厂2.5万立方米/日取水泵房，新建万

长江航道

福源水厂15万立方米/日泵房，拆除原有5万立方米/日二级泵房，新建20万立方米/日二级泵房，拆除原有处理能力2万立方米/日净水构筑物，新建6万吨/日沉淀池、滤池各一座和高压配电房、加矾间、加氯间、装修间，铺设出水厂管径800毫米、清水管道4000米。1993年7月，工程竣工供水，一水厂供水量15.5万立方米/日。1998年改建一水厂加矾加氯间，安装自动加矾加氯系统，2000年5月投入运行。

第二水厂始建于1972年，位于文峰塔近侧。1997年11月，由于古运河水质恶化，不能再作为民用和工业用水水源，于是关闭第二水厂，并撤销扬州第二水厂建制。

第三水厂位于市区东部立新路，始建于1977年，1993年10月第三水厂扩建工程动工。工程包括新建8000立方米水库1座，配水井1座。1994年12月，工程竣工供水。三水厂供水能力为5万立方米/日。1999年6月，三水厂泵房、配电房改造工程开工，次年4月竣工验收。2000年12月，三水厂自动化加矾加氯系统投入运行。

1992年，第四水厂动工建设，工程总设计规模20万立方米/日。一期工程设计规模10万立方米/日，1996年10月竣工投产，总投资2.1亿元，其中引进澳大利亚贷款545万美元。取水口设于长江镇扬段世业洲北汉道末端，原水泵房设计能力30万立方米/日，设在长江大堤内侧。浑水输水道为一根管径1200毫米预应力钢筋混凝土管，总长15.7千米。净水厂设在汊河镇周庄村。厂区建沉淀池、滤池、清水池、二级泵房各1座，配套建设配电房、加矾加氯系统、滤池反冲洗泵房、厂区集中排污系统及综合楼。清水输水干管为管径1200毫米预应力钢筋混凝土管，总长 5200 米。厂区机泵、仪表、电器以及自动化系统等主要设备均从澳大利亚进口，建成后全部使用计算机操作。2001 年 11 月，二期工程开工建设，设计供水规模 10 万立方米 / 日。12 月，四水厂污泥干化场投入运行，工程投资 500 多万元，建有 4 组污泥干化池、1 座调节池及配套机泵设备。2002 年 1 月，四水厂双回路供电工程竣工，一用一备，保证不间断供水。2003 年 1 月，二期工程建成通水，供水能力 20 万立方米 / 日。二期工程在一期建成的长江取水头部和原水泵房的基础上，增添部分设备，不再新建取水头部和原水泵房。厂区内建设的主要净水构筑物有 5 万立方米 / 日的反应沉淀池 2 组，10 万立方米 / 日 V 型滤池、1.5 万立方米的清水池各 1 座。第四水厂二期工程工艺流程与一期大部分相同，双阀滤池改用 V 型滤池，铺设管径 1200 毫米清水输水管道 3800 米、管径 1200 毫米浑水管道 17.8 千米，均采用球墨铸铁管。

作为扬州市"十一五"期间实施的重大民生项目，第五水厂的投产，使城市供水布局更加合理。随着扬州市沿江开发的深入推进，滨江地区产业不断集聚，城市东部、南部用水需求量迅速扩大。而目前三座净水厂管网主要集中在主城区和城市西部，造成了供水不均衡的局面。第五水厂投入使用后，重点向沿江地区供水，北洲工业园、杭集工业园和广陵产业园、邗江沿江乡镇以及仪征、江都部分地区等都将由第五水厂供水，直接服务于扬州"一体两翼"战略。

第五水厂建成后，市区供水能力富余，市区区域供水范围将继续延伸至高邮湖西，长期受饮用水安全困扰的高邮湖西四乡镇居民也将喝上安全优质的长江水，将来供水范围还将进一步延伸至宝应，惠泽全市。

与此同时，宝应、高邮、江都、仪征分别建成自来水厂，全市供水能力达到 99 万吨，其中扬州市区日供水能力 40.5 万吨。

管网覆盖九成城乡

扬州自来水管网建设经历了一个从无到有，从小到大，管道材质越来越好，管网越来越密，覆盖范围越来越大的历程。

1964 年，扬州自来水厂供水，当时市区供水管道最大口径仅 300 毫米。2000 年 7 月，为加强安全管理，市自来水总公司普查浑水管线上违章建筑物，历时两个月，共发现违章建筑物 69 处计 872 立方米，逐步予以清除。2001 年 4 月，由于市区消除栓密度不符合消防有关规定，市自来水总公司突击补装市区消防栓 477 只。2003 年 7 月利用国债资金实施市区管网改造工程，预算投资额 1.11 亿元。2000 年以来，管网材质全部采用球墨铸铁管、聚丙烯 PPR 管新铺管道，禁止使用钢筋混凝土水泥管道、灰口铸铁管、镀锌管，逐步更换往年铺设的上述禁用管道。

2004年废除万福源水厂1号、2号浑水管道。结合市区道路改造，调整淮海路、邗沟路、泰州路、东关街等管道，全年共完成市区主干管铺设80千米。城区供水主干管以管径1200毫米、管径800毫米为主，市区管径100毫米以上供水管道长543千米，管径50毫米及以下供水管道长660千米，主城区供水管网覆盖率100%。2005年实施市区管网改造一期工程，铺设沙湾路、渡江路、扬瓜路、扬菱路等20多条道路管道，为凤凰东巷和施井、翟庄等小区实施管道调整40多处，共完成主干管铺设80.4千米。市区供水干管爆管抢修次数明显降低。供水范围南到长江边，北到公道桥，西到杨庙镇，东到大运河以东，超过300平方千米，初步形成辐射周边乡镇的区域供水。

据悉，全市累计实现投入6.8亿元，铺设供水管网515.6千米，覆盖面积1429.7平方千米，主干管网延伸至37个乡镇，受益人口达到210万人。其中扬州市区完成投资4.2亿元，实施市区西北乡镇和沿江乡镇区域供水工程，铺设供水干管260千米，城区自来水主干管网延伸至周边18个乡镇，面积达1071平方千米，受益农村居民95万余人，市区周边和部分县（市）乡镇率先实现了区域集中供水。

2003年，扬州市将市区乡镇区域供水工程作为国债项目申请立项。市区域供水重点工程包括西北乡镇区域供水工程和沿江区域供水工程。同年，西北乡镇供水工程立项，概算总投资1.1亿元。主要建设江阳工业园扬天路西侧1座7万立方米/日增压站，铺设供水管道95.2千米，关闭乡镇自建的小自来水厂，完成向西北10个乡镇供水。资金除部分申请国债，其余由扬州市自行筹措解决。

2005年9月，沿江乡镇区域供水工程立项，概算总投资8235万元，共铺设管道98千米，主要解决沿江12个乡镇以及仪征部分乡镇供水。

农村各类水厂达到478个，城乡供水普及率达92%以上。

（编写：吴年华）

为有源头活水来

水是我们人体最重要的物质之一。人体含水量为 60%—95%，如果身体缺少约 1% 的水分，人就会感到口渴；缺少约 5% 的水分，人就会发低烧；缺少 10% 左右的水分，人就动弹不得了；缺少约 12% 的水分，就会死亡。并无他法，人体必须得到新鲜洁净的水分来补充。可是，要得到新鲜洁净的水绝非易事。王燕文、谢正义、张爱军等领导同志极其关心老百姓的用水情况，多次深入基层了解具体群众的需求和困难，切切实实地想百姓之所想，急百姓之所急，而这一切都归于一点——让老百姓喝上放心水。

区域供水关乎民生福祉，各级领导对此项工作都非常重视，然而困难重重，阻力巨大，要完成扬州地区的区域供水全覆盖绝非易事。

国内外的一些城市，它们先于扬州，通过多年的积极探索与实践，努力保证饮用水水质安全健康，花大力气实施城市供水工程，为扬州的区域供水工作提供了宝贵的经验。

第一节 他山之石 琢我扬城美玉

日本：富士山下的清泉

鉴真东渡将扬州与日本紧密联系在一起，厚木、唐津、奈良等城市都与扬州结为友好城市。扬州有着日本人向往的大唐遗风和多元文化，在今天，扬州需要学习日本管理水质的经验和方法。日本人在国际社会向来以严谨、细致著称，对水质的高要求可以直接保障居民的健康。这是值得扬州借鉴和吸收的地方。

在日本称自来水为"水道水"，也就是从下水道来的水。水道水与井水在日本又称为"饮料水"，也就是可供应人饮用的水。但鲜为人知的是，日本的自来水法有许多严厉的规范及规定，成为人们使用的自来水，需经由许多程序及检验。《日本水道法》即其关于自来水的法律，规定了水道水的水质基准是由以下两样观点为准则所延伸：喝一辈子也不会对人体健康带来坏处；除了提供人民饮用及

洗涤，味道及颜色上不带来任何影响。在如此信念坚强的法规下，也难怪日本的自来水能够生饮。

日本核泄漏震惊了世人，因海啸而导致核能物质外流的福岛县及宫城县，当地居民对核泄露留下阴影，至今仍无法生饮自来水的虽不占少数，但根据政府及县市自治机关的定期检查结果，两地的水都十分安全，未曾检测出放射线物质碘及铯。北海道、栃木县、群马县、富山县、石川县、爱知县、山梨县、熊本县、鹿儿岛县等，这些城市的涌泉处及河川、地下水都曾被评为"名水"。被评为名水的城市，地下水尤其干净，因此做出来的酒也都深受欢迎。

为维护自来水质的干净及卫生，熊本县的地方建筑及景观法规定在部分市区内不能兴建高度超过 10 米的建筑物。因为越高的建筑物需要越深的地基，因此为了保护地下水质也为了维持市容，高层大楼建筑在熊本是很少见的。为确保水质，日本横滨市三大自来水厂之一的西谷净水厂除了每天都进行检查外，还在透明的水槽里用自来水养殖鳉鱼。这是一种 2 厘米左右长的小鱼，一旦水质出现问题就会死亡，因此便于实时、直观地检测水质是否安全。

在日本，污染饮用水是其刑法规定的犯罪类型之一。污染自来水和水源的行为，属于"污染水道罪"，可判处6个月以上7年以下有期徒刑。向自来水混入毒物和其他有害健康的物质，则判处2年以上有期徒刑；导致人死亡的，判处死刑、无期或5年以上徒刑。

比如在东京都，供水系统供水面积1200平方千米，供水人口1100万，普及率100%，用水水源均为地表水：利根川、荒川水系约占80%，多摩川水系约占17%，相模川水系约占3%。东京都共有11个自来水净化场，东京都水道局水质中心统一管理从各水源到用户的水质：水源调查、水质事故对策、净化场的源水与净水检查，以及管网水质的监测等。各种严苛的管理和检测，才使得水质得到保证，居民用得放心，而这也正是扬州需要借鉴的地方。

欧美：水质安全重如山

扬州在实施区域供水工程之前，很多农村小水厂检测条件十分有限，甚至有不检测直接到户的现象存在，严重威胁居民的生命健康和安全。欧美国家对于水质的严要求、高标准，对扬州在实施区域供水过程中对于水质的把关具有借鉴意义。20世纪90年代以来，随着微量分析和生物检测技术的进步，以及流行病学数据的统计积累，欧美国家对水中微生物的致病风险和致癌有机物、无机物对健康的危害，认识不断深化，其相关机构纷纷修改原有的或制订新的水质标准。

英国是第一个对饮用水中的隐孢子虫提出量化标准的国家。英国政府在1999年颁布了新的水质规则，要求水源存在隐孢子虫风险的供水企业，应对出厂水进行隐孢子虫的连续监测，同时对饮用水中的隐孢子虫提出了强制性的限制标准，即出厂水中隐孢子虫卵囊要少于1个/10升。对于违反该限制的供水企业，即使没有造成疾病暴发的证据，也将予以起诉，并处以罚金。

法国现行饮用水水质标准（95—368），主要参照欧共体80/778/EEC指令而制定，它是在《法国生活饮用水水质标准》（89—6）的基础上，经过1990年、1991年和1995年修订而成。大部分指标值采用的是EC标准的最大允许浓度值，有的指标要求高于EC的标准（如色度、浊度等），并增加了农药和氧化副产物等项目。标准中微生物学指标较全面，分别为耐热大肠菌、粪链球菌、亚硫酸盐还原梭菌、沙门氏菌、致病葡萄球菌、噬菌体、肠道病毒，这七项指标并不包含在EEC最新饮水指令中。标准（95—368）与（89—6）相比，增加了多环芳烃，细化了氟化物的规定，分温度段来定其标准值。

德国现行饮用水水质标准共43项。该标准包含在饮用水及食品企业用水条例中。该条例对在饮用水处理中可以使用的药剂也作了明确的规定，包括允许投加浓度、处理后的极限值等。此外，对各种指标的检验范围与频率也有明确的规定。

加拿大现行饮用水水质标准（第六版）中包括微生物学指标、理化指标、和放射性指标，共 139 项，其中最有特点的是该标准中规定的放射性指标有 29 项之多。上述指标值是基于危险管理概念制定的，并包括以下几个严格的步骤：(1)确认，(2)评价，(3)定值，(4)核准和(5)标准的颁布和公布。在此过程中，很重要的一步是由加拿大卫生部对人体由饮用水中吸收某种物质对人体所造成的健康危险进行科学的评估，并推荐出适合的指标值。

扬州大力实施区域供水工作，一部分原因也是众多小水厂不合理、不规范、不精细的水质检验工作，造成居民患上肠胃病等病症。市领导高度重视水质工作，也是出于对居民生命健康安全和社会长治久安的考量，这是一项势在必行、忽视不得的民生工作。

第二节 "苏南模式"的启示

启示一 政府主导下的多元化运作

实施区域供水，离不开政府强有力的运作和监督。苏锡常等地政府积极努力实施区域供水，探索出区域供水工作的创新思路，为扬州积极稳健地实施工作提供了宝贵经验。

苏锡常地区城市密集，是我国东部新兴都市圈和发展中的城市连绵带，但由于地下水过量开采导致地面沉降而形成的地质灾害也日益加重。同时，随着社会

宝应湖白鹿岛

经济迅速发展，污染物排放增加、地面水质污染加剧、城镇供水水源地水质不达标等矛盾愈加突出，影响了社会生产与生活，制约了该地区的社会经济发展。江苏省按照科学推进城市化战略和区域共同发展战略的要求，在全国率先提出了区域供水的思路，制定了《苏锡常地区区域供水规划》，打破行政区划限制，统筹规划城乡区域供水设施，加快城乡联网供水工程的建设，积极探索市场经济条件下的区域合作模式，实现区域设施共建共享，较好地解决了区域城乡供水的问题。经过四年多的努力，经济、社会、环境效益日益显现。

改善了城乡供水水质，提高了广大农村居民的生活质量，群众得到实惠。到

2004 年底，苏锡常地区区域供水已累计完成投资 69.66 亿元，建成区域水厂 257 万立方米 / 日，铺设到镇主管道 1922.07 千米，完成进村入户管网建设和改造 16294.12 千米，苏州、无锡和常州地区所有乡镇都实现了联网供水，进村入户率达到 85%，共有 648 万镇村居民用上了区域水厂采用优质水源生产的自来水，保证了城乡供水安全、卫生。城乡联网供水彻底改变了广大农村居民长期依靠深井水或河塘水的饮水习惯，为当地经济社会发展和人民身体健康提供了保障，老百姓称赞政府送来了"长寿水"。常熟市在区域供水前之 5 年，每 10 万人中肠道传染病年均发病人数为 162.59 人，实施区域供水后的 2004 年为 22.01 人，下降了 86.46%。

置换水源，有效控制了地下水过量开采，区域地质环境明显改善，促进了水资源的合理利用。实施城乡联网供水、封填深井，有效地促进了苏锡常地区地下水资源的采补平衡，地下水位全面回升。到 2004 年底，苏锡常地区已累计完成封井 4560 眼，占原有深井总数的 93.1%，地下水开采量已从 2000 年的 2.88 亿立方米压缩到 0.4 亿立方米。苏锡常地区 288 眼监测井中，水位上升和稳定的有 266 眼，占监测井总数的 92.4%。地下水水位上升区面积占禁采区域总面积的 96.8%。地下水漏斗区面积从 1996 年的 5500 平方千米，缩减到 2445 平方千米。地面沉降速率趋缓。苏州、无锡等地市区地面的年沉降速率已控制在 10—15 毫米，地质环境得到了明显改善，地质灾害发生发展得到了初步控制。京沪铁路、沪宁高速等重大基础设施运行安全得到了有效保证。

避免重复建设，节约了宝贵的资源和有限的资金，放大了政府财力和社会投资的效益。按照区域集中、城乡联网建设和管理区域水厂，提高了长江岸线资源和水资源的利用效率，优化了供水系统布局。与分散布局、独立运营相比，区域供水的实施节约了大量建设资金和运行管理费用。例如，原锡山市（今锡山区）计划建设锡东供水工程，解决锡山 25 个乡镇供水问题，总投资估算为 8.35 亿元，单位制水成本 1.28 元 / 立方米；区域供水后，实际投资 7.1 亿元就解决了原锡山市所有乡镇的供水问题，制水成本 0.84 元 / 立方米，既发挥了投资效益，又降低了管理成本。通过市场化模式的应用，政府利用较少的启动资金，在 5 年里就完成了以往需要 10 年乃至更长时间才能做到的自来水进村入户工作，大大节省了财力。

促进供水行业集约化发展，增加企业经营效益，提高管理水平。区域供水为城市供水企业延伸了市场，区域供水后，常熟市自来水公司售水量年均增长

25%，销售收入年均增长 25%，利润增长 48%，上缴利税年均增长 31%；江阴市 2004 年度售水量同比增长 20.82%，乡镇供水总量占供水总量的 61%，已超过城市用水量；无锡、常州、苏州、昆山、张家港、太仓等市供水量均有增长。城乡联网供水使许多乡镇企业用上了优质水，涉水产品质量得到提高，成本相应下降，创汇能力同步增加。例如，常熟东张镇生产的净菜产品，过去采用深井水作为生产用水，水质不能保证，常有退货和赔偿，区域供水后，不仅保证顺利出口日本，而且还拓展了欧美市场。

政府强力组织，推进城乡基础设施共建共享。在 2000 年全省城市工作会议上，江苏省委、省政府强调要"运用市场机制共建共管、共享共用区域基础设施"，"加强区域性市政公用基础设施的前期研究，编制规划和实施方案，加大推进力度。苏南及沿江地区要重点发展城乡区域供水，彻底解决地下水过量开采问题，控制地面沉降"。同年，江苏省人大常委会颁布了《关于在苏锡常地区限期禁止开采地下水的决定》，要求"省和苏锡常地区设区的市、县（市）人民政府应当制定和实施区域供水规划，增加投入，加快地表水供水工程建设，实施区域联网供水"。江苏省将区域供水工程列为省重点建设项目，每年对苏锡常地区下达区域供水年度建设计划，召开地下水禁采和区域供水工作会议，安排对年度计划实施进展情况的督察，督促各地完成年度目标任务。江苏各地政府从保障当地社会经济可持续发展出发，将区域供水作为民心工程，列为年度为民办实事工程重点实施项目。行政的强力推动，加快了区域供水设施建设。

规划先行，统筹布局城乡供水基础设施。为科学指导区域供水设施建设，2000 年江苏省以设计单位为技术依托，组织省市有关部门共同开展了前期研究，将全省城乡划分为三大供水区域，先后组织编制了《苏锡常地区区域供水规划》《宁镇扬泰通地区区域供水规划》，《苏北地区区域供水规划》正在编制中。《苏锡常地区区域供水规划》为国内最早实施的跨市区、城乡统筹区域供水规划，规划范围覆盖苏锡常全区域 11890 平方千米，以科学合理利用水资源、保证满足区域社会经济发展对供水水质与水量的需要为目标，统筹布局城乡供水基础设施，对沿江水源地、取水口整合、水厂规模布局、城乡区域供水输配水管网建设、跨行政区供水协调、城乡供水市场化运作等作了充分

农户家中的水壶

研究和论证，合理确定了区域供水工程方案，提高了长江岸线资源利用率和设施的利用效率，同时为建立城乡联网的供水体系、走向市场提供了科学依据和可行的方案。

依靠市场运作，着力解决区域供水建设资金。采用市场化的运作机制，多渠道筹集建设资金，广泛吸纳包括外资和社会资本在内的各种资金，以合资、参股、控股以及BOT等多种方式参与区域供水设施建设。吴江、江阴等地组建了供水股份公司、有限责任公司等多种形式的法人实体，负责区域供水设施的筹资、建设和运营管理。区域供水工程建设按照"谁出资、谁得益，市供水到镇、镇供水到村"的原则，积极筹措建设资金，区域水厂到镇主管道建设资金主要通过银行贷款、财政拨款、争取国债、受益乡镇出资解决；乡镇到村管网建设做到"四个一点"，即财政补贴一点、集体投资一点、群众承担一点、社会筹措一点。宁镇扬泰通地区部分区域供水工程项目还被列入利用国际金融组织贷款规划，以解决部分建设资金。

完善配套政策，大力扶持城乡联网供水。江苏省将供水工程建设列为省重点建设项目，在土地、税收等方面给予一定的优惠政策，并明确在省征收的城市水处理专项费用中，每年安排一定的专项资金，用于对跨省辖市之间的区域供水设施建设进行补助；出台了《苏锡常地区区域供水价格管理暂行办法》，实行有利于推进区域供水的水价政策；对区域供水中新建供水设施实行保本付息、略有盈余的价格政策；供水价格实行同网同价；对乡镇及以下用户实行优惠的水价政策，暂不征缴污水处理费、水资源费等各种规费，让各地利用好这个价格空间，这样既有利于乡镇供水的经营，也有利于解决现阶段乡镇供水中管网改造和建设资金问题。

因地制宜，合理选择区域供水运行模式。苏锡常等地依靠制度创新、体制创新，从有利于组织实施，有利于减少管理层次、提高管理效率，有利于调动和发挥各方面积极性的原则出发，结合本地的特点和实际，积极探索区域供水运行模式。江阴市按照"风险共担、利益共享"的市场化模式，采取股份制的形式建设经营乡镇管网和增压站，由受益乡镇共同投资、市自来水公司技术入股参与管理，共同经营。常熟市采取"联网、联供、联营、联管"的运行管理方式，由市自来水公司负责区域供水的增压站和到各镇的管道建设，并将水输送到各镇，实行总表计量，按统一价格批发给乡镇，各镇再向用户售水。

区域供水的实施，对引导重点中心镇的建设，合理聚集农村人口，推进区域城市化健康发展，增强全省发展的可持续能力，正在发挥越来越突出的作用。区域供水在苏南地区的成功实践，形成了群众、政府、企业和环境共赢的局面，而这也为扬州成功实现区域供水全覆盖提供了经验：依托政府平台，通过多元运作的手段，成功完成工作，惠及民生。

启示二　实干打造优质工程

扬州市各级领导一向为民所想，把扬城老百姓的幸福感作为衡量自身工作的标准，也作为工作的出发点和落脚点。区域供水是一项为百姓造福祉的民心工程，百姓用上放心水也正是市委、市政府希冀和期盼的。与扬州相隔不远的无锡积极实施区域供水，在为民办实事方面作出了表率。为统筹城乡协调发展、确保地方经济社会可持续发展，无锡市委、市政府积极推进《苏锡常地区区域供水规划》的实施，把禁采工作和区域供水工程列为"为民办实事"的重点项目。经过2001年至2004年的努力，基本完成了各项目标。

无锡市区各级共计划投入资金21.6亿元，建设水厂2座，市级加压站3座，镇级加压站21座，敷设供水主管道175千米，镇以下供水管网约2400多千米。至2003年底，两座水厂的一期工程、2座市级加压站已建成。其中贡湖水厂一期工程（50万吨/日取水能力、25万吨/日净水能力）总投资4.96亿元，已于2001年6月投运，水直送无锡新区、锡南、锡东，为雪浪、华庄、硕放供水并为提高新区服务水压奠定了基础。锡东水厂一期工程（15万吨/日）计划总投资3.7亿元，已于2003年11月竣工投运，建成后主要可确保锡东地区供水。冯巷加压站（设计规模10万立方米/日，一期5万立方米/日）总投资2700万元，已于2002年10月投运，建成后主要用于保证锡西北地区供水。尤渡里加压站二期总投资2700万元，已于2000年11月投运。安镇加压站一期工程已于2004年投运。

截至2004年，无锡农村自来水普及率已达到95%。为确保区域供水工作的顺利实施，无锡市委、市政府根据全市的具体情况制定了一系列行之有效的措施与方法。

领导重视，思想统一。无锡市委、市政府为贯彻省委、省政府、省人大的指示和《关于在苏锡常地区限制禁止开采地下水的决定》，

宁镇扬泰通区域供水规划实施工作现场会

召集有关部门统一思想认识，把区域供水工作作为实践"三个代表"、解决广大百姓吃水困难、提高生活质量、解决地面沉降减轻地质灾害、为民办实事的重要工作作为统筹城乡发展战略的重要内容。

合理规划，认真组织。为了更好地协调各部门，无锡市政府建立了"无锡市区域供水领导小组"，并且每年将区域供水的工作目标纳入全市国民经济和社会发展计划中，并列入为民办实事目标任务范畴，逐级下达区域供水目标任务书，纳入考核。

广开渠道，筹措资金。无锡市市区经过胡埭工程的试点实践，市区域供水领导小组决定区域供水建设工程采用分级分段负担，水厂和大型的加压站由市负责建设，市到镇的管网由市、区两级政府共同投资，市（自来水总公司）承担投资的三分之二，区镇承担投资的三分之一；镇到村的管网（含加压站、供电、旧管网改造等）由各镇自筹为主，区政府适当补助；青苗赔偿和路面修复由各镇承担。无锡市惠山区按照"总体概算、分年推进、分级负担、多元投入"的原则，由区、镇、村共同分担，并积极争取社会资本的参与，保证建设资金足额落实到位。无锡市锡山区为落实配套资金，确保足额到位，出台了农村改水资金管理办法，区政府将按照经过验收的改水工程进度，分期拨付改水进度款。

精心施工，确保质量。在实施过程中，无锡市各级建设部门采取切实可行的措施，加强工程质量管理，严格执行招标投标制、工程监理制、质量监督制，认真贯彻《建设工程质量管理条例》，建立全方位、全过程的质量责任体系和质量终身负责制，通过建立完善工程质量保证体系，向政府交优良工程，向社会交放心工程，向群众交满意工程。胡埭供水工程全长 11.3 千米，总投资 3200 万元，该项目被评为"省优质工程"。

第三节 苏锡常对扬州的警示

水源地的呼救——太湖蓝藻危机

扬州水系众多，水资源非常丰富，是一座因水而建、因水而兴的城市，水是扬州城市的特色和底蕴所在，而这也使得扬州有众多的水源地，如市区廖家沟、市区长江瓜洲、市区长江三江营、江都高水河、江都芒稻河、江都长江三江营、仪征长江、仪征月塘水库、高邮里运河、宝应县里运河、宝应潼河等。但是不可避免的是，生活垃圾、工业垃圾等污染物的排放，在扬州全面实施区域供水前是普遍的现象，虽然不至于大面积的污染，但是已经有部分河段或水域各项指标严重超标。比如说当时在宝应县、江都部分水源地附近仍存在未整治彻底的砂石厂和码头。水源地的污染，严重威胁用水的安全，是区域供水工程最基本的部分。与扬州所距不远的太湖流域，就曾爆发了严重的蓝藻污染，造成了水源地的严重破坏，影响了苏锡常地区供水工作，给居民和社会造成了极其恶劣的影响。这是血淋淋的教训，给扬州保护水源地工作上了宝贵的一课。

太湖是我国第二大淡水湖，流域面积约 36895 平方千米。自 1980 年起，太湖流域的工业开始快速发展，特别是电子与电器制造行业。到了 90 年代，太湖流域优先发展重化工业，如机械、电子、石油化工、汽车制造等行业。同时，纺织等传统的行业在太湖流域所占比例有所下降，养殖面积有所压缩。在 1980 年太湖流域工业总产值是 1.335 亿元，工业增加值 483 万元。1990—1995 年期间，工业总产值年均增长率达到 22.7%，工业增加值年均增长率达到 20%。到了 2000 年工业总产值 18.601 亿元，增加值 4.710 亿元。由于工业点源多、地域广、数量大，所以源自化肥、农药、农用薄膜、畜牧养殖以及农村生活等农业面源污染成了地区污染治理的盲点。实际上，农业面源水污染才是太湖水最严重的污染。关于太湖治理，早在 1982 年江苏省政府就制定了《太湖水源保护条例》，它是最早的关于太湖水污染的法律，但该条例很笼统，是一部难以执行的法律。接着 1996 年制定的《江苏省太湖水污染防治条例》更具体更有效，但它并不完美，还有很多弊端，例如怎样处理旧企业等问题。直到 2007 年 5 月底爆发的太湖水危机，引起了党中央、国务院的高度重视和社会各界的广泛关注。按照国务院要求，为保障人民群众饮水安全，改善太湖水环境质量，国家发改委会同有关部门和地方紧急编制了《太湖流域水环境综合治理总体方案》。2008 年 5 月，国务院正式批复并付诸实施。

2007 年 5 月，持续的高温天气使得太湖蓝藻大规模爆发，无锡水源告急，自来水全面中断，几十万城市居民纷纷抢购超市饮用水。这次事件引起了党中央、国务院以及江苏省委、省政府的高度关注，温家宝总理亲自前往无锡，并做出重要批示。时任中

太湖流域污染严重

共江苏省委书记的李源潮书记也亲临一线指挥工作。

在当时，无锡有市民感慨："我们这里是有钱，可我们连水都没法喝了，钱还有什么意义。"诚然，太湖流域是我国目前经济发展较快的地区，但是长期以来积累的环境污染的问题也非常严重。虽然中央一再强调不能走"先污染，再治理"的老路子，可太湖地区的经济却是不折不扣地沿着这条"老路子"走下来的。

工业化农业的发展、高效化肥的使用、围湖养鱼对太湖水质产生了巨大的影响。现有农业生产方式导致了农业面源污染。据统计，太湖流域每年每公顷耕地平均化肥施用量（折纯量）从 1979 年的 24.4 公斤增加到目前的 66.7 公斤。而一些发达国家规定每年每公顷耕地平均化肥施用量不得超过 22.5 公斤。根据中科院南京土壤所的研究调查，在太湖的外部污染总量中，农村面源污染所占的比例目前已占到50%左右。近年来，以大闸蟹为主的太湖养殖规模急速扩张，围网养殖达到19.6万亩，其中大部分集中在东太湖，大约16万亩。为了获取高利润，蟹农拼命放养蟹苗，每亩最高要投入近千只蟹苗。多放蟹苗必然要多投有机饲料，导致湖水中氮磷等指标大大超标，据保守估计，养殖业对整个太湖磷氮总量的"贡献"率在15%左右，严重影响水质，助长了藻类的爆发。另外，大规模围湖养殖和围网养殖，导致湖内污染物积累日益加重。太湖湖底淤积面积1547平方千米，占全太湖面积的66%，其中竺山湖、梅梁湖、贡湖和东太湖及入湖河口底泥污染最为严重，普遍淤深0.8—1.5米，成为太湖水体污染的主要内源。过度的围网养殖使太湖走向沼泽化。污染行业也对

太湖昔日风景照

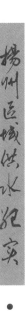

太湖污染造成了影响。太湖流域六大重点污染行业企业共计5.57万家，其中江苏2.46万家。六大污染行业企业总产值6149亿元，其中江苏3937亿元。污染行业在2005年累计排放工业废水215512万方。其中纺织印染业的COD（化学需氧量）排放量最大，占重点工业企业COD排放量的61%，总磷排放量占重点工业企业总磷排放量的41%。同时太湖风景名胜区是国务院批准的首批国家级风景名胜区，也是国内少数跨行政区域的特大型风景名胜区之一，它由苏州市的木渎、石湖、光福、东山、西山、甪直、同里风景区，常熟市的虞山－尚湖风景区，无锡市的锡惠、马山、蠡湖、梅梁湖风景区，宜兴市的阳羡等13个风景区和无锡市的泰伯庙、泰伯墓2个独立景点构成，所辖范围涉及2个地级市，3个县级市和35个乡镇或街道，其中有6个风景区与太湖水域直接关联。据相关资料分析，仅江苏环太湖

旅游带的国内游客共占据了国内游客总量的52.7%，旅游者每日产生大量的固体废弃物、宾馆饭店等服务系统产生的污水对太湖造成严重污染。

太湖污染治理既要内外兼顾，更要把控制外源污染作为减轻太湖富营养化的前提。据专家分析，即使完全切断外源污染，太湖内源污染也能支撑蓝藻3—5年一次的爆发频率，而如果外源不彻底加以控制，蓝藻必定年年爆发。因此，省里确定了"把控制外源和内源结合起来，近期以控制外源为主"的工作思路。经过分析，太湖外源污染80%左右来自15条主要入湖河流，为此，省里确定了通过治理太湖上游的15条"主动脉"河流，来逐级推进"次动脉"的治理，积小胜为大胜，以局部保全局，有效控制太湖总体污染。

一是建立了"双河长制"。江苏省政府主要领导、省太湖水污染防治委员会成员单位负责同志担任省级层面的"河长"，河流流经的各市、县（市、区）政府主要负责人担任地方层面的"河长"，对15条河流进行会诊，实行一河一策，逐条治理。"河长"的主要责任是组织编制并领导实施所负责河流的水环境综合整治规划，协调解决工作中的矛盾和问题，抓好督促检查，确保规划、项目、资金和责任"四落实"。二是加大了投入。江苏省财政每年安排了20亿元专项资金，重点支持控源截污和生态修复，省级环保引导资金、污染防治资金、节能和发展循环经济专项资金等都重点用于太湖流域水污染防治工作。省政府还明确要求，流域内各市、县逐步从新增财力中划出10%—20%，专项用于太湖水污染治理。三是规划先行。江苏省环保厅专门制定了太湖主要入湖河流水污染防治规划编制技术规范，为15条主要入湖河流防治规划编制确立了"坐标"。治理难度最大的漕桥河水环境综合整治已完成规划编制，并在2008年内启动实施，总投资达8.85亿元。其他14条河流的整治规划2008年编制完成。四是科学分区。根据不同功能和突出矛盾，将太湖流域划分为一、二和三级保护区，按轻重缓急分类指导，实现由按行政区域分别治理向小流域综合治理的转变。在控制外源的同时，省里还大力实施了湖体网围拆除、蓝藻打捞等内源控制工程，做到"外响内应，标本兼治"。仅2008年前9个月，就打捞蓝藻达50多万吨，是2007年全年打捞量的两倍多，拆除围网养殖面积达9.16万亩。

在太湖综合治理中，江苏省除了一手抓科学调水引流等应急治理工作外，另一手还十分注重抓水体生态修复，让湖泊"休养生息"。总体来看，治理太湖的主要路径就是把调水引流和生态修复结合起来，2008年以生态修复为主。太湖地区水环境的问题给扬州水源地保护提供了反面教材，对水源地的保护不是一天两天就可以完成的，而是要有持续性的保护机制和行动，一旦水源地遭到破坏，后果将是不堪设想的。

心头的石头——地面沉降

在当时，扬州市市区地下水开采活动较强烈，主要开采第Ⅱ、第Ⅲ承压水，其中第Ⅲ承压水最大水位埋深超过25米，形成一定范围的水位降落漏斗。因地下水长期大规模持续开采，扬州市市区当时已发生地面沉降灾害。扬州市主城区东北部（原毛纺厂—化肥厂—电厂一带）、仙女镇—丁沟镇—樊川镇一线以西、小纪镇镇区周围、武坚镇的东南部和北部、郭村镇的东部地区，累计沉降量在50—100毫米之间，其余地区累计沉降量小于50毫米。地面沉降导致地面标高不断降低，逐步削弱了天然抵御洪水的能力，还形成了系列地面沉降次生灾害，如地表水系紊乱、地面湿化、农田渍害加重、桥梁净空减小、污染加重、各类基础设施受损等，造成严重的经济损失。地面沉降，俨然成为扬州群众心中的一块巨石，让广大居民不安。在苏锡常地区，因过量开采地下水，造成了非常严重的地面沉降，严重威胁居民的生活，也成为城市发展的桎梏。如若扬州长期开采地下水，必然会走苏锡常的老路子，使得地面沉降问题日趋严重，造成的后果不堪设想。

地面沉降，是自然因素和人为因素综合作用下形成的地面标高损失。在《地质灾害防治条例》中，被定义为"缓变性地质灾害"，因其反应滞后，且进程缓慢，以毫米为单位计算沉降率，人们不易察觉，具有形成时间长、影响范围广、防治难度大、不易恢复等特点。其中，自然因素包括构造下沉、地震、火山活动、气候变化、地应力变化及土体自然固结等。人为因素主要包括开发利用地下流体资源（地下水、石油、天然气等）、开采固体矿产、岩溶塌陷、软土地区与工程建设有关的固结沉降等。

苏锡常地区是传统江南的"鱼米之乡"，但是，长期超量开采地下水资源，引发了地面沉降、地裂缝等地质灾害，至2009年，三市累计地面沉降大于600毫米的重度沉降区分别为80平方千米、60平方千米、43平方千米，并呈发展趋势。苏锡常地区是我国发

地面沉降严重

生地面沉降现象最为典型的地区之一。该区地面沉降主要是开发利用地下水引起的。20世纪70年代以前，苏锡常城市地区的纺织业发达，但由于能源短缺，故多采用集中开采地下水用于纺织厂的空调降温，进而引起地面沉降的发生。80年代以来，随着改革开放中城市周边地区的乡镇企业的兴起，不仅大量开采利用地下水，而且由于不断向地表河道排放污水，导致水资源极为丰富的苏锡常水网地区地表水质量普遍下降，使得整个区域成为典型的水质型缺水地区。由此加剧了广大农村地区居民用水紧张，促使地下水开采量急剧增加，产生了区域性地下水位降落漏斗，由此诱发的地面沉降已成为以城市为中心的区域性环境地质灾害。

苏锡常地区地面沉降开始显现于20世纪50年代，并于70年代中后期以来呈加重趋势。沉降主要出现在中心城市地区，以后逐渐向周边扩展，到2000年就形成了以苏锡常三城市为中心并包括周边乡镇在内的区域性沉降漏斗，累计沉降量超过200ram的区域面积达到5700平方千米，500ram等值线所围的沉降区已将苏锡常三中心城市连成一片，面积近2000平方千米，累计沉降量超过1000ram

苏锡常地区地面沉降监控中心

长江三角洲（江苏域）地面沉降日趋严重

的沉降区面积超过 350 平方千米。2000 年在锡山市石塘湾浒四桥附近累计地面沉降量最大超过 200011 毫米，在苏州市齐门大街达 1550 毫米，常州市累计最大沉降量也超过 1800ram。由于地势沉降，已造成市区地面积水、地下管道弯折、桥梁净空降低、防洪工程效益下降等危害，给地势本来就低洼的苏锡常地区带来极大危害，造成巨大的直接和间接的经济损失，并严重影响着地方经济的可持续发展。

关于超采地下水引发地面沉降的认识早在 20 世纪 80 年代就已引起技术人员的注意，但适逢举国上下谋发展，一切围绕经济建设，地质环境问题并没引起足够重视。从此，地面沉降由慢而快地发展起来，一发不可收拾，引发了触目惊心的社会危害。进入 20 世纪 90 年代，各地政府主管部门相继认识到地面沉降灾害的严重性，并逐渐开始了防治措施，如苏锡常地区地下水超采区划分研究、各县市自发编制的地下水资源评价与规划，试图通过控制地下水开采来控制正强势发展的地面沉降灾害。在前期论证基础上，苏锡常三市于20世纪90年代中后期又相继执行了对地下水资源的限采计划，但收效甚微，只有三大城市主城区的地面沉降略有减缓，而区域扩展格局并没改变。在国土资源部中国地质调查局和江苏省人民政府的关怀指导下，江苏省地质调查研究院先后在这一地区围绕地面沉降问题开展了一系列综合性环境地质调查工作，1999—2002年实施的"长江三角洲（长江以南）地区环境地质调查评价""苏锡常地区地面沉降预警预报工程"等项目，从基础条件入手，对地面沉降及地裂缝灾害现状、分布规律、形成机理以及综合防治等方面进行了系统性的分析与研究，并在苏锡常地区初步建立了地面沉降监测网络，开展了定期监测工作，为地面沉降预测研究由定性向定量方向发展奠定了良好基础。2000年8月26日江苏省第九届人民代表大会常务委员会第十八次会议通过了关于在苏锡常地区限期禁止开采深层地下水，合理利用浅层地下水的决定。2003年12月31日前在地下水超采区实现禁止开采深层地下水，2005年12月31日前苏锡常地区全面实现禁止开采深层地下水。

　　江苏省人大常委会2000年8月审议通过了一项地方性法规《关于在苏锡常地区限期禁止开采地下水的决定》，自2001年起全面实施限期禁采地下水后，苏锡常地区的地下水位普遍上升，地面沉降速率明显减小。2004年的监测资料显示，与2003年相比，研究区地面沉降范围基本未变，垂向上的沉降虽仍在继续，但年沉降速率明显减小，地面沉降速率在10—20毫米/年、20—30毫米/年和30ram/年以上的地区面积比2003年分别减少了58.8%、62.6%和84.1%。

　　2003—2005年江苏省地质调查研究院又在该地区实施了由国土资源部及江苏省人民政府联合开展的"江苏省生态环境地质调查与监测"项目，进一步建设和完善苏锡常地区地面沉降监测网络，并将其拓展到长江以北地区，实施了以强调控沉效果为主要目标的灾害预警工程。2006年始江苏地调院承担了"苏锡常地区地面沉降监测与风险管理"项目，该项目是国土资源大调查项目开展以来，中国地质调查局部署的长江三角洲地面沉降防治工作第三期，创造性地开展了地面沉降风险"识别—评价—处置"的系统性研究，提出了"水—土"一体化管理、动态规划的建议。

　　扬州地面沉降灾害易发区主要分布在仙女镇—丁沟镇—樊川镇一线以西、小纪镇镇区周围、武坚镇的东南部和北部、郭村镇的东部地区，面积约1081.57平方千米；地面沉降低易发区主要分布在市区东部，面积约788.43平方千米。

形势严峻，苏锡常的惨痛教训着实让人扼腕叹息，而这也坚定了扬州实施区域供水的决心。

第四节 号角已经吹响

一个规划蓝图起

2003 年 12 月 2 日，省政府办公厅颁布实施《关于实施宁镇扬泰通地区区域供水规划的通知》，2004 年省

太湖取水口

政府正式批准实施《宁镇扬泰通地区区域供水规划》，并被列为省重点建设项目。这是继苏锡常之后，江苏省又一个跨地区的供水基础设施工程。

宁镇扬泰通地区区域供水工程是为民造福的实事工程，到 2004 年，实施区域供水已经具备良好的条件：一是我省经济持续健康发展态势，为实施区域供水创造了良好的经济基础；二是省委、省政府提出沿江开发战略为规划的实施提供了有利条件；三是省政府实施农村"五件实事"工程，为区域供水向乡镇和农村地区发展创造了条件；四是国家鼓励基础设施多元化投入，为区域供水设施建设市场化运作提供了政策依据；五是前几年宁镇扬泰通地区已经建成了一批以长江为水源的骨干供水设施，部分地区的区域供水已经取得初步成效，积累了一定的经验；六是国家采取积极的财政政策，可以争取国债资金的支持。

尽管 2000 年后南京、镇江、扬州、泰州、南通这 5 个中心城市及其所辖的 19 个县（市）、467 个乡镇，供水事业得到了长足的发展，但随着城乡经济和社会事业的发展，小城镇供水基础设施的不足逐渐显现。据相关数据显示，此地区目前所有的 633 座自来水厂中，市属、县（市）属水厂分别只有 21 座和 30 座，其余 582 座乡镇小水厂却承担着全区现有 31% 的供水量和 63% 的供水人口。其中 5 个中心城市的水厂直接从长江、京杭大运河取水，水源条件好，供水水质优，但绝大部分以内河水或地下水为水源的县（市）和乡镇水厂，多数水源地水质较差。局部地区（特别是沿海地区）由于过量开采地下水，还导致地面沉降日趋严重，海水入侵从而水质咸化，一些地方地下水位的下降速度已达到每年 0.5—1.5 米。

2002 年 12 月 10 日无锡市锡东水厂复建完成

各地逐步形成的按行政区划的供水格局，也使水厂"遍地开花"，不利于供水事业的规模经营和水源地的保护。

正式实施的《宁镇扬泰通地区区域供水规划》，在合理选择供水水源的基础上，制定了水源取水口保护规划，通过划分供水片区，提出水厂建设规划，布置供水管网等。具体来讲，就是将扩大市属、县（市）属水厂的供水范围，逐步关闭乡镇水厂，使全区乡镇人口自来水普及率由目前的 21%，提高到 2005 年的 36%、2010 年的近 80%、2020 年的 97.5%，供水水质也将达到 WHO（世界卫生组织）的水质标准。通过统一规划，优化水源，使市属和县（市）属水厂的水源和取水口以长江、京杭大运河为主，限制利用水库和地下水水源，逐步放弃里下河水系水源。同时，整合供水资源，关闭乡镇小水厂和工矿企业自备水厂，逐步实现区域联网供水，发挥规模效益。

过去按行政区划进行供水的格局也将被打破，由此规划可见部分边境乡镇的供水已作了适当调整和归并。如镇江丹徒的高桥划归扬州供水，镇江句容的宝华划归南京供水，扬州江都的武坚、周西、吴堡和扬州高邮的汤庄划归泰州供水等。也就是说，今后某个地方的居民，喝的也许就是邻近城市的自来水。

这一规划的实施，可从根本上解决小城镇发展中供水基础设施不足的矛盾，彻底解决部分地区水源地水质不达标的现状，确保五市 2000 多万人口中的绝大多数都能喝上清洁的水，并防治因地下水过量开采而导致的地面沉降地质灾害和地下水水质咸化，实现区域经济社会可持续发展。

两个通知推波澜

2007 年 10 月 25 日，江苏省政府办公厅转发省卫生厅《关于实施生活饮用水卫生标准若干意见的通知》，该通知明确了扬州最迟于 2010 年 7 月 1 日前实施《生活饮用水卫生标准》（GB5749—2006）中规定的 106 项水质指标标准，同时还要求切实加强对供水安全的管理。

2009 年，江苏省委办公厅、省政府办公厅颁布实施《关于新一轮农村实事工程实施方案的通知》，该通知按照"科学规划、统筹安排、分类指导、创新机制、加强监管"的原则，从建设标准、工程规划方案、分年实施计划等方面，明确了到 2010 年要基本解决江苏省农村饮用水不安全问题。此外还需逐步完善农村供水社会化服务体系，并对 4 项指标做了详细要求。其中水质符合《生活饮用水卫生标准》要求为安全；符合《农村实施＜生活饮用水卫生标准＞》要求的为基本安全。在水量上，每人每天 60 升为安全。在保障措施中提出四点：其一明确工作责任，各级政府要把农村饮用水安全工作列入重要议事日程，层层落实工作责任；其二规范建设管理，以县（市）为单位组建项目法人，负责全县（市）农村饮用水安全工程建设管理；其三加强督促检查，建立督查制度，重点督查规划实施、年度目标完成情况等情况；其四建立奖惩机制。

第五节 三省扬州忧患多

一省 一肚子的"苦水"

在当时，扬州广大农村地区大多数水厂是以内河或者地下水为供水水源，取用内河地表水占 7.6%，取用地下水占 92.4%。地面水多采用内河水。农民在从事农业耕作活动时，由于使用化肥、农药等，使有害物质流入河流、湖泊等，造成农村地表饮用水源的污染，扬州地区农村面源污染中的主要污染物质是氮、磷营养元素：一方面扬州各县市区农民多使用氮肥，但利用率较低，过量的氮肥随降雨流入或渗透到水域而造成水源的污染；另一方面，磷素进入水体的数量过高，也造成了水体的污染。过量的使用化肥是当初农村地表水污染的主要原因之一，

苏州第一家自来水厂胥江水厂

而这种污染也不易控制。

"化肥农药不能不用啊，全家也靠着粮食来增加点收入，我也知道现在河都发绿发臭了，水要喝，可这日子也得过下去啊。"来自江都吴桥陆庙村的陈姓老农如是说道。人畜粪便等生活污水的排放也造成了内河水的污染，由于在农村地区缺乏对水源地的管理，生活污水直接排入饮用水源，牲畜直接在水源地饮水以及牲畜家禽的粪便直接排入内河水中，一旦内河水流动缓慢，将使得藻类及浮游生物大量繁殖，从而使水体呈现绿色，水质受到严重污染。扬州高邮市农村中有许多集约化的养殖场，养殖大量的鸭、鹅，在没有严格实施水源地保护前，有许多养殖户将这些家禽放养入水源地河流中，一定程度上影响了水源地的水质。

此外，农村乡镇工业废水排放污染严重，20世纪90年代以来，扬州各乡镇企业得到了蓬勃的发展，如化工、食品、机械、纺织等，但由于这些小企业或小作坊具有布局分散、规模小和经营粗放等特征，大多乡镇企业任意排放不达标的废水，对河流造成严重的污染。虽说小水厂供水中内河地表水所用不多，但还是有大量的民众靠河水生活，这严重威胁了农民的生命健康。

当时扬州大部分农村地区水源地没有相应的保护管理措施与水质预警实时监测体系，受到了生活污水、化肥农药、养殖畜禽粪便、工业废水等的污染，水源水质较差，有部分地区出现了水质性缺水。农民所用饮用水基本上都是由一些小水厂提供，其水源大多为地下水，因没有科学系统的卫生消毒手段，水质难以保证。同时，农村的小水厂普遍存在企业规模小、生产设施陈旧、管理技术薄弱、水处理工艺落后等问题，全市的478座小水厂管理监督难以较好实施，造成部分水厂成为"三无"水厂，也威胁了广大农村人口的饮水安全。"仪征地形地貌特殊，多低山丘陵，水资源分布不均衡，地下水和塘坝水一直是居民的主要水源。"提起用水难，仪征市水务局负责人满是感慨，"西北部的丘陵地区用水更是难上加难，年年受旱、年年抗旱一直是水务系统的头等难事。"好的水源是水质好的前提，是喝上健康水的基本，更是当地百姓多年的期盼。在当时，还没有针对扬州广大农村地区饮用水源保护区的划分标准，对水源地源头周围污染情况的掌握和管理存在滞后现象，缺少对水源地日常保护动态的系统管理，以及尚未有污染源应急处理系统等。

九成以上的农村水厂取用地下水作为供水水源。采用地下水时，水源与水位及地形等情况有关。地下水分浅层地下水、深层地下水、泉水。浅层地下水补给水源较近，短时间内大量取水时，水位会急骤下降。水质易受地面污染物污染，与周围环境有密切关系。浑浊度较低，一般无色，硬度偏高，部分地区铁、锰含量超标。深层地下水补给水源较远，水量充沛且较稳定，水质大多无色透明，细菌含量通常符合卫生标准，但往往硬度较高，铁、锰、氟化合物含量超标。泉水水量因地形、地质情况差异很大，水质较好，常含与地层有关的某些化学元素。但是在扬州的一些农村中，因为工农业生产开采地下水过量，地下水位下降得很快，地下水源受到污染。还有一些生活污水、工业污水、农药化肥等渗透进土壤，也一定程度上导致了地下水源的严重污染。"水草、螺丝、淤泥可是以前饮用水里的常客。"在村民乐建龙家中，他拿出了一个过去使用的水壶，底部沉淀了厚厚一层黄白色的水垢。"井水的水质太差，一年就要换一个水壶。"乐建龙说，家中三代七口人有五个患上了结石和胃肠病，没办法，只能在水中加明矾，沉淀半小时之后饮用，但明矾中含有铝，长期饮用对人体有害。质朴的话语道出了浅层地下水的危害，而这绝不仅仅是特殊情况，而是农村普遍存在的现象。饮用水中硬度和矿化度含量不正常会给人体造成危害，农民在引用这种水之后会出现腹胀、腹泻和其他疾病，这些受到污染的水源会使得饮水群众患上肠道病，诸如伤寒、痢疾、肝炎、肠炎等。

由于扬州市农村供水主要以地方小水厂供水为主，而一些小水厂水源单一，有时会出现因水源受到污染或地下水水量不足而被迫停止供水的现象，而地方需水量又比较大，则会导致水供需矛盾突出，严重影响了当地农民的生活和生产。现在已年过七旬的许大爷是宝应县王桥村村民，他说："2000 年之前我们这儿的

常熟市滨江水厂扩建工程

扬州区域供水纪实

· 动意篇

91

水厂只有早中晚各两三个小时供水，其余时间龙头就拧不出水了，所以每家每户都是在有水的时段中在家中用水桶、脸盆准备充足的水，因为做饭、刷碗、浇地、洗澡等等都得用水，有时候遇到水不够用了，也只能到附近河里挑水用，或者去别人家的井里打些水用，但是河里、井里的水不干净，也真是遭罪得很。还有最怕的就是有时候应该供水的时候也断水，煮饭都没自来水用，饭也就凑合吃吃了。"对此宝应潼河水厂的杨桂才总经理也深有感触，他原在夏集镇自来水厂工作，这家水厂创办于1991年，属于集体所有。他回忆道："那时候我们水厂规模小，技术也不行，用的是地下水源。可是因为地下水有限，日供水量也就2000吨左右，可镇区那么多人，还有附近的村子都得供水，完全不够。所以我们就采用分时段供水，村民一天也就几个小时有水用，其他时段是不供水的。有一年大年三十晚上停水了，许多村民聚集到水厂门口，可是我们也没办法。"水源水不足造成了群众生活的困难，这在当时的农村是普遍存在的现象。

农村水厂建设资金严重短缺。由于水厂建设一次性投入较大，如乡村标准水厂投资需百万元以上，使得一些小水厂在很多方面偷工减料，而这些也直接影响了水质、水量等，间接为农民的健康和生产生活安全埋下了隐患。农村水厂建设的资金筹措困难，市场化运作难以实现，受益村经济薄弱，集资困难，受益范围内工商业不兴旺，县（市）镇两级财政紧张，供水工程难以上马，已上马工程也难以为继。

二省 捉襟见肘的小水厂

农村水厂普遍存在规模小、生产设施陈旧、管理技术薄弱、水处理工艺落后等问题。农村水厂规模小，有的水厂平时只有1—2个人看守，而且多是本地村民，没有专业的技术和应急的能力。大多数水厂内负责制水、管水和管道维修的人员仅是3—5人，不能满足水厂平时维护和供水需求。而且大多水厂并无合理的规划和严格设计，并且未经过有关部门的设计审查或把关，造成水厂存在建设规划布局不合理、起点低、大部分采用机械加速沉淀池和快滤池、设施简陋、水处理效果差等问题。在农村饮水过程中，采用的净水处理工艺，大多是常规的水处理技术，以地表水处理为例，其净水处理流程大致为混凝、沉淀、过滤、消毒，这种净水处理工艺主要是将水中的微生物、色度、浊度去除，但很难将农村水源中的藻类、有机物、重金属等污染物去除。试验表明，常规的净水处理工艺只能将水中30%的有机物去除，而藻类的稳定性比较好，很难混凝去除，并且藻类的自重比较小，沉淀效果也比较差，因此，常规的净水处理工艺也难以将藻类去除。

在当时，农村水厂大多采用液氯消毒的方式进行消毒，藻类中的部分物质会与水中的余氯发生反应，产生新的有害物质，造成二次污染。由于净水处理工艺落后，水中的污染物无法去除干净，导致农村饮水安全受到严重的影响。现为司徒水厂厂长助理的老翟原先在周巷水厂工作，他回忆当初水质检验也就是每天检测一次余氯，没有专业的设备和人才，当初仅仅是靠"手摇、眼看"的检测方法，这样的水质自然得不到保证。

运行管理技术落后。在扬州广大农村地区，各用户自来水进户前基本上没有计量水表，村里无专门管网维修和保养人员，管网建设无统一规划，管网控制阀设置不合理，干管新开口多，管径分配不合理，由于管理落后和水量的不稳定性，自来水的正常供应经常得不到保证。同时因农户不按用水量缴纳水费，水资源浪费现象严重，自来水经营无法按市场规律运作，形成恶性循环，制约了社会经济的发展。

部分农村水厂改制之后，转为私人经营或承包经营，但因水厂改制以后的后续管理制度不健全，在水厂行业管理上存在较大的漏洞。有的私营业主和承包经营业主法治意识和质量管理意识淡薄，不掌握水厂运行管理的基本常识，同时也是为了追求经济效益的最大化，或是停止了水厂内部必备基础项目建设，或是放松了在水质安全方面的要求，供水的水质、水量、水压和时间得不到保障。直到

扬州第五水厂航拍图

全面实施区域供水前，水厂的性质还很复杂，既有镇办的、村办的，也有联办的、私营的，鱼龙混杂。比如说高邮的司徒水厂，最初原是周巷水厂，为集体所有，2000年转包至个人，后涉及安全问题又被镇政府收购。

由于农村供水管网大多建于上世纪80—90年代，所用材质相对较差，经过多年的运行，已经普遍老化损坏。在一些农村水厂中，地表水输水管道破损，水资源浪费严重。同时一些管道老化导致渗水，不仅浪费水资源，更可能因雨水通过管道裂缝渗入管道导致管网内水质恶化，引发供水事故。还有一个重要的方面就是管材质量差，管网损坏老化严重。原先的自来水管道基本上是PVC管及镀锌管，管网经过长时间的使用，又缺乏有效合理的维护，已经严重老化。PVC管过度老化会变硬、变脆，接口渗漏现象严重，爆管事故增多，且氯乙烯单体也会析出污染水质。镀锌管则因氧化和原电池作用严重腐蚀，管壁变薄甚至穿孔，渗漏严重。经过多年的应用实践，PVC管及镀锌管因为自身无法克服的缺陷，均已被国家禁止使用于新建的给水工程，代之以钢塑复合管、PPR管、PE管等多种新型环保型管材。潼河水厂的杨总表示，原先夏集水厂所用的就是PVC管，材质非常差，所以漏失率相当高，最高能有60%左右，严重地浪费水源，也给水厂带来了损失。同时乡村的管网管径偏小，压力低，消防无法保证。农村的自来水管道管径普遍偏小，主管道管径基本上在 DN100 以下，有的甚至在 DN80 以下，配水管管径则更是小而长。镀锌管还会因管内锈蚀使过水断面大幅度缩小，在相当程度上降低了管道过水能力，小口径的管道过长也会使管道内的水头损失增大而影响过水能力。同时为了节约运行费用，清水池的高程也不高，能提供的水压就低，当发生火灾时，消火栓常因无法提供足够的水压而成为摆设。

"2000 年那时楼房少，可是后来楼房渐渐多了起来，有些用户家中二楼的水因为水压低供不上去，越来越多的村民就来水厂反映情况，要求解决他们的问题。"潼河水厂杨总说道。水压低、水量少等情况在农村普遍存在，定时供水也是长期存在。"老百姓经常去政府要水吃，有时候逢上过节停水，村民的情绪更高，这样的矛盾时有发生。"江都一个乡镇水厂的负责人如是说。"夏天，饮用水量增加，水就紧张了。"家住曹甸的李大爷说。李大爷村子的饮用水，大都是靠多年前村里打的一口大井，随着村民日常饮用水量的增加，大井水越来越供不应求了。因为井水供应量有限，且没有消毒净化，他家煮饭、喝水都只能用桶装纯净水。家里衣服都分成早、中、晚 3 次洗，每次供水时洗一部分。村里人都"渴"盼着能通自来水，根本解决饮用水困难。农民的生活日益提高，对水的需求也是越来越高，解决这一问题也变得刻不容缓。

三省 "一盘散沙"谁来管

农村水厂的管理主体不明确。农村水厂管理涉及水利、环保、卫生等多个部门，但由于缺乏明确的行政主管部门，监督管理难以到位。建设部、卫生部 1996 年颁布的《生活饮用水卫生监督管理办法》明确指出，"县级以上地方人民政府建设行政主管部门主管本行政区内城镇饮用水卫生管理工作""县级以上地方人民政府卫生行政主管部门主管本行政区域内饮用水卫生监督工作"，也就是说，城镇以外农村水厂的卫生管理工作没有明确管理主体。当时各级爱卫办在推进农村改水的同时，顺带管理农村水厂，通过加强业务培训、技术指导、开展创建先进农村水厂等活动，逐步规范农村水厂管理。但由于爱卫办在农村水厂管理方面无明确管理依据，无法对农村水厂实行有效的行政管理。另外一方面是监督力量薄弱，具体表现为卫生监督专业机构受人员编制和工作经费等诸多因素的影响，在农村无落脚点，工作无法延伸，除了阶段性定期抽检外，对农村水厂供水质量的卫生学指标评价和监督难以做到经常性和全覆盖。而其他与水厂建设有关的部门由于多种原因，也没有对农村水厂进行有效的监督管理。

在当时，全市 478 家农村水厂，有正常进行水质监测的只有 217 个，监测覆盖面仅为 45.4%，部分水厂甚至成了无水质检测设备、无卫生消毒设施、无水质卫生管理制度的"三无"水厂，存在较大安全隐患。农村饮用水除人为污染外，存在高氟、高砷和铁、锰过量等自生污染问题，如若不加检测消毒清洁，则会影响人民生命安全。众所周知，对于农村供水工程，饮水是否安全主要取决于水质是否达标。然而当时扬州农村水厂建设中普遍不重视水质检验装备的投入，将水质检验工作视为水厂管理额外的负担，未将其必要的开支列入日常运营成本，缺乏规范的农村水厂水质检验的制度，这就导致农村供水工程的水质检测能力及水平不足，且通常与工程所在地区的经济条件、重视程度、供水规模、运行管理水平和用水户需求等密切相关。总体来看，有一些农村水厂中水质检测设备较为完备，设有化验室和专职化验员，但水质检验的专业力量还有待加强，而相当比例的农村供水工程没有水质检测设备，或仅有 pH 计、比色计等简易设备，不能对消毒剂控制指标、微生物指标等影响水质安全的重要指标进行检测，同时缺乏专职检测人员。此外，农村供水工程水质检测能力严重不足，还有许多水厂没有水质化验室或水质检验实验室，在具备化验室的水厂中又有不少出于运行成本等方面的考虑并未真正开展水质检测工作。曾在仪征一个农村水厂工作过的老徐说："当初我们有时用氯气消毒，但是这个还算在成本里，有时为了节省成本，直接引地下水，不加消毒，直接到农户家中。"这种现象在扬州不在少数，正是因为小水厂的负责人为节省成本，没有对水质进行检测和消毒过滤，导致很多用户反映自来水是浑浊的，而这也正是因为缺少了制度制约的后果。

　　水厂选址应综合考虑水源地、供水区域和周边环境等因素，同时首先要考虑的就是进、出水的输、配水管路方向条件，并且要充分考虑输、配水管路的现状。既要保证进水管路有良好的水力条件，又要考虑配水地区管网的走向及原有设施的利用情况。但在大量的农村小水厂中，很多水厂建设不合乎科学考量，有一些靠近重污染工厂，有一些远离供水区域，有一些建在河流的下游。不合理的选址影响了农民的用水安全，也影响了当地经济社会的发展。

　　很多小水厂存在收费混乱的情况，通过提高初装费、水价来增加收入，而不考虑农民的生活成本和经济状况。高邮市界首乡的王先生反映，当时自来水公司的收费标准是每户 4 吨水起步，"哪怕是一滴水不用也要缴费。"而有些农村收入水平较低，一些农民舍不得用水，平时就是烧饭用水，到河里、井边去洗衣服。这就造成自来水管建好后农民用水少，比起城市自来水厂，很多农村水厂效益差，运转很难维持。高邮一农村水厂负责人算了个账：一年的维护费，还有电费等费用，加起来成本就有好几万元。要保证整个管网的运转成本，水厂只有用包年来维持生计。种种情况都将问题指向农村水厂，收费混乱的问题造成了当地农民和水厂之间的矛盾，一定程度上影响了社会的和谐和稳定。

第六节 桎梏与瓶颈

由于区域供水投资较大，加上体制、机制上的制约，少数人对此项工作缺乏足够的重视，致使扬州市区域供水工作在苏中地区严重掉队，推进缓慢，进展不快。2009年泰州市区域供水一阶段工程实施完成，泰州市三区四市中，除兴化利用境内水源分片实施小型区域供水外，其余区市已基本形成以长江水为主水源的区域供水格局，优质饮用水的覆盖率进一步提高。南通市2009年将农村饮水安全工程与区域供水工程列入"为民办实事"十二件实事之首，依托区域供水工程形成至各县（市）乡镇供水主干的基础上，更新改造增压泵站，铺设和改造镇村管网。因此，扬州加快区域供水建设显得刻不容缓。

区域供水的规划不够完善。扬州市区域供水规划于2002年编制完成，早于省出台的《宁镇扬泰通地区区域供水规划》，因此与省里规划和各县市区域供水规划及新农村建设规划存在衔接不够的问题。同时在《宁镇扬泰通地区区域供水规划》中提出，扬州等苏中地区保留大运河水源，逐步关闭里下河水系取水口，总体上市属水厂以长江水源为主，大运河为辅。此外，与县市的区域供水不协调也成为推进区域供水的一大难题。比如高邮委托南京市政设计研究院编制全市区域供水规划，2008年下半年，开始启动实施城郊区域供水首期工程，拉开了区域供水工程建设的序幕。2006年，仪征市编制了仪征市区域供水规划和实施方案，分东、中、西三路由仪征市区向中后山区延伸。其次县市指定的区域供水规划，有的还比较粗糙，不够细化、优化。特别是对如何突破现有行政区域界限，实现就近、经济、合理供水以及区域供水集中式水厂的规划数量、规划定点、供水范围等，还需要进一步研究论证并加以明确。没有统一的统筹协调，全市的区域供水将难以更进一步。

推进区域供水的重视程度和不平衡性也较为突出。到2009年下半年，扬州市区供水范围已经覆盖了维扬区（已并入邗江区）的全部和广陵、邗江区的绝大多数乡镇，区域供水覆盖率达到90%以上。仪征部分乡镇也实现了并网供水，区域供水覆盖率在60%左右。但除以上地区工作有了明显成效外，其他地区进展不快。

只有高邮市人大专门作出了决议，地方政府确定了分7个集中水厂实施区域供水的方案，明确了工程建设计划和时间进度要求，而个别县市至今尚未真正启动。没有启动的地区可能因为资金筹措困难、项目难度巨大等原因。宝应实施区域供水的资金困难比较大，在艰难的多方争取和谈判后，获得外资投入、省市拨款、银行贷款，才真正开始实施区域供水。而在高邮市也存在相似的情况。高邮税务局改水办副主任李敏介绍说："市长、分管市长等领导多次去深圳与港资老板谈判，前后将近一年几轮的谈判才将水厂投资项目谈成，难度之大可以想象。"

2009年之前区域供水与农村饮水安全工程存在脱节现象。为改善农村的饮用水状况，省政府在全省实施了农村饮水安全工程，并安排专项资金，专门用于补助乡镇以下进村入户供水管网建设。扬州市列入全省农村饮水安全工程的有近50万人，2008年开始实施，计划2010年完成。2008年已有24个乡镇、21.46万人实施了饮水安全工程。在高邮车逻镇师伙村，一说起饮水安全工程，村民们就兴奋不已，都说喝上了"幸福水"，村民陈发广说："我们自从实施农村饮水安全工程后，喝的都是清水。在之前喝的水多数时候是浑浊的，舀在碗里一会儿就是黑黑的一层，经常闹肚子。"高邮在省和扬州市的支持下，积极实施农村饮水安全工程项目，至2009年下半年陆续完成了7个乡镇的饮水安全工程，包括十里村在内的一批乡镇、村支管网与高邮城市区域供水主干网连接，按照测算，该项系列工程将惠及农民20多万人。但由于饮水安全工程和区域供水隶属于不同部门，24个已实施农村饮水安全工程的乡镇中，只有9个乡镇与区域供水工程相对接，导致工程建设未能发挥出最佳效益。因为农村饮水安全工程属于水利部门管理实施，而区域供水工程属于建设部门实施，部分单位对接不畅，使得还有15个乡镇没有做好两项工程的对接，影响了工程建设，造成了一定的损失。

仪征月塘水库

城乡供水分散，脱节现象严重。地方上自来水供给依然存在着城乡二元割裂。同江苏省许多城市一样，扬州市普遍存在着城乡各自独立的两套供水体系，城区实行集中式城市供水，其余乡镇分别自设水厂分散供水。随着城市化进程的加快和经济的快速发展，这种二元供水格局越来越成为制约城乡居民生活质量提高和城市建设与经济发展速度加快的"瓶颈"。

形势愈加严峻，百姓频频叫苦。全面实施区域供水已经成为一件非做不可的工作，这是民心所向，这是大势所趋，这是建设宜居扬州的必行之举，这是打造幸福扬州的并经之路。扬州市积极响应省里要求和百姓呼声，2009年5月，扬州市人大常委会通过《关于加快推进区域供水 切实解决农村饮用水安全的决议》，正式拉开全市区域供水工程的大幕，一艘凝结百万扬城百姓期盼和希冀的巨轮，从那时起，抛锚起航！

（编写：刘骏）

切实让百姓喝上安全水

2014年10月16日，市委书记谢正义视察廖家沟取水口迁建工程，带头喝下一杯自来水。

第一节 心系民生，决议应势而生

　　听民意，为民解忧，是各级人大及其常委会工作的重中之重。扬州市人大及其常委会在日常工作中一直关注民生，人大代表反映群众呼声，解决群众困难，为广大扬州百姓造福祉、谋福利。同时，从1998年起，扬州市人大及其常委会突出讨论决定民生和生态环境事项，围绕"让老百姓喝上放心水、吃上放心菜、呼吸上新鲜空气""大力推进生态文明建设"等要求，依法行使重大事项决定权，作出一系列民生类和生态类实质性决议。其中，围绕"让老百姓喝上放心水"，市人大代表一直予以关注，反映民意，人大常委会高度重视，深入调研，依法行

一水厂改造工程

使重大事项决定权，出台区域供水决议，有力地保障民生，助推城市发展。

早在 2006 年市五届人大四次会议上，就有代表提出"让农民喝上安全卫生的自来水"的议案，此议案被大会秘书处列为"一号议案"。2008 年 1 月，市六届人大一次会议上，孙宝太等 10 位人大代表联名提出《关于大力推进区域集中供水工程加快实施并网供水的议案》。议案指出：市区乡镇并网供水推进工作还存在不平衡性，农民喝上安全卫生的自来水的比例还有待进一步提高；为深入贯彻落实十七大会议精神，关注民生，改善民生，请市政府继续加大、加快区域供水工程的推进力度，不断提高区域集中供水的人口覆盖面，把这件政府为民办实事工程切实抓实抓好，确保让更多的群众喝上干净、合格、放心的饮用水。

2009 年 1 月，市六届人大二次会议上，李士清等 10 位人大代表联名提出《关于大力实施区域供水切实解决农村饮用水安全的议案》。议案指出，农村饮用水不安全存在四大问题：水源存在安全隐患，管网漏损现象严重，供水时间难以保证，水质监测缺少管理。在常委会联系代表、代表联系选民时收集的意见中关于农村饮用水安全的也多有反映。此外，市人大还从其他渠道收到了关于农村饮用水安全问题的反映。"几年前就说要加快区域供水，我们湾头如今还是用的小水厂的自来水，经常停水，水质也不好，用水得不到保障。"网友的留言引起了市人大的关注。由于农村饮水安全问题普遍受到各方关注，李士清等代表的这份议案被大会秘书处列为"一号议案"，并被大会列为年度重点督办项目。

群众饮水安全同时牵动着政协代表的心。在2009年1月召开的市政协六届二次会上，单启宁代表提出《关于建议市水利局、卫生局、建设局、财政局重视解决农村饮水安全问题，到'十一五'末实现区域供水全覆盖的提案》。他认为，农村饮水安全事关广大农民的身体健康，是一件关系民生的大事。在提案中，单启宁指出当前各地供水工程建设进展存在着不平衡性，很多农民饮水处于不安全状态，要求各级政府要把农村饮水安全工作摆上重要议事日程，各部门要加强协调，形成合力，真正把农村饮水安全工程建成政府的放心工程、农民的幸福工程。

同年5月，又一名人大代表提出了相同的问题。吴雪清当时是扬州市维扬区一名乡级人大代表，她在了解民情时发现，本区甘泉镇所用的自来水是小自来水厂直接抽取的地下水，没有经过任何水处理措施。村民们在饮水时感觉不卫生，希望能够喝上安全的自来水。2009年5月初，吴雪清作为市人大代表苏剑联系的选民，将甘泉镇饮用水安全问题反映给了苏剑。当时苏剑作为"人大代表参与常委会审议重大事项"中的一名代表，正在为常委会会议审议议题之一"水污染防治法贯彻实施情况"作调研。苏剑将选民意见进行了综合，提出"加快推进区域供水步伐，让农民喝上安全卫生放心的自来水"的建议。

农村饮用水安全状况到底如何？市人大常委会开展了为期4个月的农村饮用水专题调研。调研组共调研了全市478个农村水厂中的419个水厂，委托相关部门对32个地表水水厂和18个地下水水厂的水源水、399个水厂的出厂水、276个水厂的末梢水逐一进行分析检测，获得了大量基础性数据。此外，成立的3个执法检查组，在全市范围通过明察暗访、问卷调查等形式实施检查，农村饮水安全问题逐渐明晰。调研结果显示，农村饮水安全状况堪忧。加之全市农村水厂普遍建于上世纪八九十年代，经过多年运行，供水管网普遍老化，解决农村饮用水安全问题迫在眉睫。

同年5月中旬，市人大常委会组织开展水污染防治法检查，将农村饮用水安全列入重点检查内容，并向常委会第十次会议作出报告。委员们在审议时一致认为，区域供水不仅能保障饮用水安全，而且有利于水源地的保护。加快推进区域供水，将从根本上解决好农村饮用水安全问题。5月26日，市第六届人民代表大会常务委员会第十次会议全票通过了扬州市人民代表大会常务委员会《关于加快推进区域供水 切实解决农村饮用水安全的决议》。决议要求市政府将区域供水实施作为改善民生、为民办实事的重要内容列入议事日程，实行严格的政府任期目标责任制，确保市区 2010 年、各县（市）2012 年底全部实现区域供水。为实现这一目标，决议要求市政府要进一步加强对区域供水工作的领导，科学合理地编制区域供水规划，建立区域供水良性运行机制，切实加强饮用水水源地保护，进一步强化饮用水安全的监督管理。至此，区域供水工作披上一件坚实的法律外衣，工作推进更有保障。

区域供水决议作出后，市人大咬定决议目标开展督查，连续 4 年在常委会会议上安排了"听取和审议市政府贯彻落实区域供水决议情况汇报"这一议题。2010 年 5 月召开的常委会会议还首度对政府落实决议情况进行满意度测评，人大监督刚性得以进一步彰显。2013 年 1 月，在市七届人大二次会议上，市人大常委会副主任陈卫庆向全体人大代表和全市人民郑重宣布："经过市、县两级政府的共同努力，区域供水已经实现全覆盖。"

2012 年 6 月换届后，市七届人大常委会再次成立专题调研组，对决议最终落实情况进行拉网式调研。调研报告中肯地指出："区域供水全覆盖，并不意味着城乡群众真正喝上安全水。只有形成良性的运行管理机制，才能是完整意义上区域供水的实现。"报告在市人大常委会会议上引发了强烈共鸣。2013 年，市人大常委会调研组对全市区域供水可持续运行情况开展了调研，在当年 9 月召开的第九次常委会会议上作了报告。正如陈卫庆同志所言："区域供水只有起点，没有终点，我们必须持之以恒地跟进这项工作。"是的，为了打好这一持久战，市人大一直在行动。

第二节 庄严承诺，决策全面推进

扬州市委、市政府高度重视城乡饮水安全工作。2005 年 4 月，为加快城乡供水设施的统筹建设，促进城乡人居环境的改善，按照《宁镇扬泰通地区区域供水规划》《扬州市区域供水规划》要求，经市委、市政府研究决定，实施扬州市区乡镇区域供水工程。为切实推动该工程的建设，出台《扬州市区乡镇区域供水工程实施意见》。意见共有六点：一是立足城乡供水事业发展，坚持按规划统一实施；二是要切实加强对乡镇区域供水工程实施工作的领导；三是认真组织工程实施，加快推进区域供水设施建设；四是建立城乡供水机制，坚持市场化运作；五是加大对区域供水设施建设的政策扶持力度；六是积极做好水源水质保护工作。

2006年，市委、市政府又发出庄严的承诺：水是生命之源，更是生命之基，关乎扬州460万人民的生命安全，一定要通过全市上下的努力，让百姓喝上安全水，放心水。区域供水工程是一项造福城乡人民、惠及子孙后代的生命线工程，事关人民群众身体健康，事关构建和谐社会大局。同年，市政府将实施市区西北平山、西湖、槐泗、方巷、公道、甘泉等西北6个乡镇区域供水工程列为当年为民办实事10大工程之一。市委、市政府还就落实五届人大四次会议"一号议案"暨市区供水工作召开专题会议，对市区西北6乡镇区域供水工作作了部署，对6乡镇区域供水工程任务进行了分解，明确各乡镇工作内容、责任人、责任单位及完成时间。为此，市政府就6个乡镇区域供水工作的有关事项下发《关于落实西北6乡镇区域供水工作的通知》。通知要求：一、统一思想，加强领导。明确实施区域供水的责任主体是区、镇（乡）两级政府，各区、镇（乡）政府要成立工作小组，落实责任人，采取有效措施，切实解决工程实施中遇到的问题；二、明确目标，加快推进工程建设。2006年上半年基本完成西北6个乡镇的并网供水，下半年开始实施沿江乡镇的并网供水；三、落实责任，确保工程顺利实施。截至2007年底，在市委、市政府的高度重视下，在各区、镇政府和相关部门的积极支持下，投资近2亿元人民币，铺设供水主管道125千米，建设供水增压站3座，先后完成了邗江区、开发区、维扬区、广陵区及仪征东北部24个乡镇水厂和8个村级水厂与市区的并网供水，供水覆盖面积达九百多平方千米，受益人口超过50万人，城乡居民饮用水安全问题得到了有效解决，乡镇社会经济得到了发展，为建设社会主义新农村提供了有力保障。

2008年，市区区域供水工作进一步向深度、广度推进，努力提高用水普及率，不断扩大供水覆盖面。

2009年5月，市六届人大十次会议，通过了《关于加快推进区域供水 切实解决农村饮用水安全的决议》，区域供水从城市走进农村，掀开了新的篇章。市政府迅即行动，7月即成立区域供水工作领导小组。时任市委常委、常务副市长张爱军任组长，副市长纪春明、董玉海任副组长，各相关部门、县（市、区）、市经济开发区负责人任小组成员。领导小组下设办公室，时任市建设局局长王骏兼任办公室主任，副局长晏明任办公室副主任，办公地点设在市建设局。

2009年9月，为进一步加快全市区域供水进程，促进城乡统筹协调发展，根据《宁镇扬泰通地区区域供水规划》和《扬州市区域供水规划》，结合扬州实际，制定《扬州市区域供水工程实施方案》。方案提出坚持四大原则：科学规划、分期实施；因地制宜、注重实效；资源共享、优势互补；经济合理、优质安全。明确了扬州市区域供水总体目标和各年度具体目标、任务；规划了目标完成时间与步骤；制定了实施区域供水的具体措施。根据方案安排，扬州市区域供水总体目标是在满足水量需求的前提下，确保市区 2010 年底，各县（市）2012 年底实现区域供水全覆盖，水质、水压全部达到规定标准。其阶段性目标是：2009 年全市计划完成 14 个乡（镇），2010 年完成 18 个乡（镇），2011 年完成 14 个乡（镇），2012 年完成 7 个乡（镇）的区域供水工作。

2009 年 9 月 11 日，市政府专题召开全市区域供水工作会议，研究部署下一阶段的目标任务，动员各地、各部门统一思想，坚定信心，攻坚克难，扎实工作，全力推进区域供水进程，确保市区 2010 年底、各县（市）2012 年底实现区域供水全覆盖，彻底解决城乡居民的饮水安全问题，让城乡广大居民喝上洁净、安全的放心水。时任市委常委、常务副市长张爱军作了题为《全力推进区域供水工程切实保障城乡饮水安全》的讲话，并提出具体要求：

一是要认清形势，提高认识，切实增加做好区域供水工作的责任感和紧迫感。指出，虽然扬州市在推进区域供水、保障饮水安全方面取得了积极进展，但要清醒地认识到，当前城乡居民饮水安全面临的形势还很严峻，农村区域供水的总体进展还不快。特别是对照苏南等先进地区，还有很大的差距。对照市委、市政府提出的建设社会主义新农村、促进城乡统筹发展的要求，对照广大农村居民渴望喝上安全放心水的热切期盼，还有大量工作要做。具体表现在：一是农村饮水安全仍存在诸多隐患；二是区域供水工作任务艰巨，进展缓慢；三是区域供水与农村饮水安全工程存在脱节现象。

二是要明确目标，狠抓重点，扎实推进区域供水工程工作。围绕 2010 年底前市区和仪征要实现区域供水全覆盖、2012 年底前其他县（市）要全面完成区域供水、全市城乡联网供水普及率达 100% 这一目标，着重抓好几个关键环节：一是抓紧修编完善区域供水规划；二要加快推进区域供水工程建设；三要切实加大区域供水资金投入；四要积极创新区域供水模式；五要加强农村饮用水安全管理。

三是要落实责任，强化督查，确保全市区域供水工作顺利实施。区域供水功在当代，造福大众。各县（市、区）和各相关部门要从践行"三个代表"、全面落实科学发展观的高度，以对人民群众高度负责的精神，按照统一部署，加强组织领导，强化措施落实，有序推进区域供水工程。一要加强组织领导。各级政府

一水厂

要切实加强对这项工作的组织领导，成立相应的工作机构，明确牵头部门，分解目标任务，层层落实责任，形成齐抓合力，确保工程如期完成。二要明确职责分工。区域供水是一项负责的系统工程，涉及到水利、物价、交通、建设、国土等部门，涉及到各县（市、区）所辖乡镇，也涉及到各类性质的乡村水厂利益主体。各地、各部门要密切配合，加强沟通，通力合作，保证工程的顺利实施。三要强化督查考核。市区域供水领导小组办公室要定期、不定期地开展督查推进活动，组织市有关部门深入县（市、区）督查区域供水工作和重点工程的进展情况，确保区域供水按计划有序实施。

为推动区域供水工作高效有序实施，会上市政府分别与市建设局、水利局和各县（市、区）签订了目标责任状，并制定了《扬州市区域供水工作目标考核试行办法》，由区域供水领导小组办公室抽调相关职能部门人员组成考核班子，对照目标考核试行办法和目标责任书，定期实地检查考核，通报考核结果，确保全市区域供水工作有序实施。

张爱军最后指出，区域供水工作是推进社会新农村建设、构建和谐社会的重要举措，也是造福人民的德政工程、民心工程，责任重大，使命光荣。要牢固树立以人为本、造福于民的科学发展理念，进一步统一思想，开拓进取，扎实工作，全力加快区域供水工程建设，为"抓住新机遇、建设新扬州"和全面建设小康社会作出新的更大的贡献！

此后几年中，在市委、市政府的高度重视下，各级政府以踏石有印、抓铁留痕的作风，一次次调研、一项项决策、一步步推进，施工队伍寒暑赶工，市民百姓齐心上阵，啃下了一个个"硬骨头"工程，赢得了这场漂亮的惠民"持久战、攻坚战"。

扬州区域供水工程相关文件

市委书记谢正义多次强调指出，最基本民生是最重要的民生，民生工作的首要任务是夯实基础性民生。十八届三中全会指出，统筹城乡基础设施建设和社区建设，推进城乡基本公共服务均等化，扬州以推进"三同水"工程为突破口，让城乡居民共享发展成果。"十二五"期间，扬州全面完成区域供水目标任务，并在全省首批实现城乡统筹区域供水。几年来，全市累计投入44.65亿元，关闭486座小水厂，铺设供水主干管道1438千米，区域供水管道已通达全市所有乡镇。区域供水总受益人口460万人，覆盖区域实现了城乡供水同水源、同管网、同水质。

2012年底扬州实现区域供水全覆盖，市委、市政府又提出了新的要求：区域供水作为一项民生工程，只有起点，没有终点，供水全覆盖并不意味着城乡群众真正喝上安全水。只有形成良性的运行管理机制，才能实现完整意义上的区域供水。为了确保城乡"同质水"成为"高质水"，全市结合自身实际，借鉴其他城市的经验，进一步加强水源地管理，全市16个水源取水口划定了一级保护区和二级保护区范围，建设在线监测系统；加强水质检测，对供水中的取水、制水到输水的各个环节实行全过程跟踪管理，确保供水水质达到规范要求；每月市城乡建设局将出厂水和管网水水质状况在网站公布，及时向社会提供安全供水信息，接受公众监督。各县（市、区）投入大量的资金，清理影响保护区安全的项目。水厂建设方面，各地也花了大力气，总投资达5.44亿元，目前全市区域供水水厂累计19座，日供水能力达200多万吨。

区域供水是扬州历时最长、覆盖面最广、工程量最大、难度最高的工程。这项工程不仅彻底解决了全市城乡居民的饮用水安全问题，老百姓喝上了"卫生水、安全水，放心水"，而且也为打造健康中国的扬州样本打下了坚实基础。

第三节 市人大：让城乡居民喝上放心水

2009 年 5 月 26 日，扬州市人大常委会全票通过了《关于加快推进区域供水切实解决农村饮用水安全的决议》。决议要求市政府将区域供水实施作为改善民生、为民办实事的重要内容列入议事日程，实行严格的政府任期目标责任制，确保市区 2010 年、各县（市）2012 年底全部实现区域供水。至此，区域供水工作披上一件坚实的法律外衣，工作推进更有保障。

决议作出后，得到了扬州市政府的积极响应。2009 年 9 月，市政府召开了全市区域供水工作会议，并出台了《扬州市区域供水工作方案》，推进区域供水工作开展。另一方面，市人大常委会将督促决议的实施作为工作重点，通过定期听取政府实施情况汇报，适时组织视察调研等形式，确保决议的贯彻实施。

2010 年 5 月 11 日，市人大常委会召开评议调研动员会，会后，常委会组成人员分成 3 个小组，采取调研座谈、视察检查、问卷调查等形式，分赴市建设局、江都、高邮了解城区和各县（市、区）域供水决议落实情况。比如扬州市人大常委会副主任李福康带领常委会部分组成人员，视察江都市区域供水工作。李福康一行实地察看了砖桥供水增压站、供水管网铺设现场，听取了相关情况汇报，除了肯定江都区所做努力外，他希望江都继续集中精力、财力，推进区域供水；按照序时，排好节点，挂图作战，确保工程进度；严加监管，明确责任，把好工程质量关，切实把区域供水这一民心工程办实办好。

市人大调研组在各个县（市）区调研结束后，形成了《让城乡居民喝上放心水》报告。报告中指出政府在推进区域供水过程中出现的水源地欠保护、小水厂处置难等问题，并给出了建议。

2011 年 11 月 8 日，市人大常委会组织开展了第十一期"人大网坛"，通过网络平台，了解收集关于区域供水工作的推进情况。市人大常委会和市相关部门的领导与网友进行互动交流，对于网友所关注、关心的问题，都一一给予解答。同年 11 月中旬，参加市六届人大常委会第二十八次会议的市人大常委会的委员们，听取市政府区域供水工作报告后，在分组审议时，围绕"区域供水工作需要如何再推进"这一议题积极建言献策："必须坚持'水到井封'的原则，清理和关闭现有自备水井，对地下水资源实施统一管理""市政府要把饮用水源地保护摆上突出位置，划定好饮用水源一级和二级保护区范围，设置保护标志牌，禁止新建、扩建向水体排放污染物的建设项目和设施""全市所有集中式饮用水源地

2010 年 9 月 26 日，市人大视察江都区域供水工程。

都要建设水质自动监控系统，对水源水质实行 24 小时动态、自动和在线监控"。

2012 年，市人大常委会成立了区域供水专题调研组，于 4 月下旬至 6 月上旬，采用拉网式调研江都、仪征两地和委托广陵、邗江、高邮、宝应人大开展重点调研的方式，对全市区域供水决议的贯彻实施情况进行了专题调研。从调研了解到，截至当年 7 月，全市已累计完成投资 28.47 亿元，建成区域供水主供水厂 19 座，增压站 29 座，铺设主管网 1438.18 千米，日供水能力达 159.5 万吨；全市 484 个小水厂，已处置回购 411 个，占应处置总数的 84.92%；地下水井 486 个，已关停 406 个，占应关停总数的 83.54%。全市区域供水覆盖率达到 87.4%。

"以前只盼望能够喝上达标水，盼望 24 小时不停水，盼望水压能跟城里一样。没想到政府对农民的饮水问题那么上心，这么快就帮大伙实现了愿望。"家住江都小纪镇西贾村 62 岁的李红根兴奋道。

"民生工程中'放心水、放心菜、放心空气'第一项就是'放心水'。区域供水工作不能因为实现'全覆盖'就松懈，政府要对工作进行再梳理，人大的监督工作要跟上。"市人大常委会副主任陈卫庆坚定地说。

市人大深入基层调研区域供水工程

2012年6月底，扬州市七届人大常委会选举产生后，接过上届人大的担子，马不停蹄地开展工作。2012年7月18日，新一届人大主任会议第一次会议专题听取了市人大常委会专题调研组关于区域供水决议实施情况的调研报告。调研组指出，在当前区域供水工作存在着县（市、区）工作不平衡、小水厂处置和地下水井关闭不到位、供水运行管理不完善等问题。出席此次会议的市政府相关领导当场表态，市政府将不遗余力地解决区域供水推进工作中的难点问题，一定在决议规定的时间节点完成任务。11月29日，市七届人大常委会第三次会议听取并审议市政府落实《关于加快推进区域供水 切实解决农村饮用水安全的决议情况的报告》。市人大常委会调研组在会上向委员们报告了调研情况。截至当年10月，市及各县（市、区）均已实现城乡联网供水，区域供水已经实现全覆盖。

2013年8月中旬至9月上旬，市人大常委会再次对全市区域供水可持续运行情况组织了调研。比如8月23日，扬州市人大副主任纪春明带队赴高邮调研区域供水可持续运行情况。当日下午，调研组分两组进行实地调研。一组考察了菱塘水厂水源保护区、入户调查及水样检测和采集；一组到周山和马棚镇政府就区域供水运行情况召开座谈会。最后集中召开总结会议，扬州市人大环资委主任杨学华提出五点建议：一要加强水质在线监测建设，二要加快支管网的改造，三要对乡镇供水经营公司给予有力指导，四要加快小水厂回购，五要化解资金缺口。

2013年9月26日，市七届人大常委会第九次会议再次听取并审议了市政府《关于区域供水可持续运行工作情况的汇报》。会上，市人大环资城建委作了《关于全市区域供水可持续运行情况的调研报告》。报告肯定了市、县（市、区）两级政府围绕区域供水可持续运行工作的要求，不断强化责任主体意识，扎实推进饮用水源地保护、进村入户管网改造、长效运行管理等方面工作，使得区域供水运行质态不断提升，总体情况良好。同时也剖析了现阶段区域供水运行存在的问题：供水安全存在隐患，水源地缺乏有效保护，备用水源建设滞后；进村入户管网改造缓慢，当地群众反应强烈；资金化解率低，仅占资金总缺口的13%；部门履职不到位等。分组审议时，委员们纷纷支招："建议在保证供应和水质的基础上，可以进行市场化运作，政府给予适当补贴。提高对高耗能、排污大的企业的污水处理费等，促使其转型升级，减少污染。""建议对现有的管网状况进行全面的测试评估，形成底册，分类处置。对漏失严重的网线优先列入改造计划，对局部损坏的可以先加以局部修缮，减少损耗；对尚能使用的管线，暂时保留现状。安装入户水表，计量收费，维持正常运转。"

2014年6月19日，市人大主任会议听取了市委常委、常务副市长丁纯同志关于扬州市实施区域供水以来整体工作情况的专题汇报，在座人大领导对市政府在区域供水方面的推进力度和取得的效果给予充分肯定，并一致认为区域供水工作是一项普惠百姓的民生、民心工程，并对今后的可持续运行工作提出了意见和建议，为市政府下一步工作指明了重点突破之处，为区域供水的长期运行提供了方向引导。

2014年11月8日，市委书记、市人大常委会主任谢正义赴宝应县曹甸镇参加市人大代表与选民"统一见面日"活动，听取选民和群众的意见建议，为基层和群众排忧解难。谢书记先后来到村民柴年丰与张学志的家中，与他们拉起了家常，了解他们生产生活中的困难和需求。柴年丰说："现在农村发展快、变化大，尤其是区域供水工程，更是解决了大家的难题，现在烧开水水壶里看不见水垢了，老百姓相当欢迎。"张学志表示："现在农村发展的确越来越好，生活好，环境好，心情也好。"谢书记认真听完两位老百姓真诚而质朴的话后，高兴地说："作为市人大代表，我每年都要到宝应与选民见面，我的'三下三联三交'联系点也在曹甸，每一次来都会感到，这里的发展一年一个样。"此次活动后，谢书记强调全市各级人大代表要常态化地履行代表职责，认真践行群众路线，更加科学地汇聚民意、建言献策。这是对人大工作的鞭策，也是要求人大更好地为人民谋福利、谋发展，真正惠及民生，赢得民心。

诚然，饮用水安全保护是一项长期的奋斗目标，不可能一蹴而就，需要的是日复一日、年复一年的努力和坚持，贵在一个持久力。多年来，扬州市人大始终跟踪监督区域供水工作，深入一线督查问题，着力推动解决问题，把这项工作不断向纵深推进，使得这项民生工程让群众真正受益，让清水更加香甜，让老百姓的笑容更加灿烂，执着向前，精心打造"幸福扬州"的城市名片，谱写出宜居扬城的绝美华章。

（编写：方亮、刘骏）

将最清最甜的水献给人民

——城区区域供水纪实

扬鞭跃马在前列

扬州市区区域供水工程，在扬州大市范围内一直走在前列。早在2005年4月，扬州市政府办公室根据《宁镇扬泰通地区区域供水规划》与《扬州市区域供水规划》的要求，经市委、市政府研究决定，就已发布了《扬州市区乡镇区域供水工程实施意见》。这比2009年全市大规模启动区域供水全覆盖工程，整整早了4年。《意见》要求，市区要"以水源规划为龙头，打破行政区域限制，发挥规模效应，合理配置水资源，市、区联动，把中心城市自来水送到乡镇"。并且在工程规划上进行了具体明确，要求"2005年实施市区周边乡镇区域供水，2010年实施全市联网供水，2020年实施宁镇扬泰通联网供水。各区政府及有关部门要按规划要求统筹安排，积极组织实施市区乡镇区域供水工程"。这是市政府给工程建设明确了任务，指明了方向，吹响了进军的号角。

改善提升扬州市区饮用水水平，主要难点集中在老城区。扬州是一座古城，老街老巷纵横交错，密如蛛网，上世纪五、六十年代铺设的自来水管，均采用的镀锌管，按新时期的标准，管材不合格，卫生安全不达标，加之历时四十余年，有的长达五十年向上，管网普遍老化，锈蚀严重，使得水厂输出的水严重出现二次污染，经检测，多项指标超国家规定标准。特别到了冬天，一些街巷的自来水管因为老化，屡屡出现冻裂现象，致使水流遍地，小巷深处一片泽国，严重影响了居民生活。为了改善老城区的饮用水现状，自2003年起，扬州市即开始了大规模的自来水管网改造，整个工程分为两期。一期工程首先对四望亭路、城东路、史可法路、长征路等老城区内的道路沿线主管道进行改造，随后又对邗江路、运河南路、文汇路等道路管线改造，总投资1.1亿元，共改造管线154.9千米。二期自来水管网改造主要是将老城区使用年限接近或超过50年的自应力钢筋混凝土管、连续浇铸的铸铁管以及使用年限在15年以上且爆、漏较严重的钢筋混凝土管换为球墨铸铁管，并调整管径偏小的管道。为了切实做好老城区的管网改造工作，市发改委特邀了南京、南通及本地专家，专门对管网改造二期工程设计进行了评审。进入二期管网改造序列的老城区主要街巷有驼岭巷、卞总门、大草巷、耿家巷、三祝巷、元宝巷、万寿街、天宁门街，此外，萃园路、西湖路、南门外大街、东花园路、玉器街等道路沿线的自来水管网也进行了一定程度的改造。工程共涉及市区158条街巷道路，共对88.31千米的管网进行了改造，总投资为6200多万元。这一次的管网改造与道路改造、街巷改造等同步进行。一些老管网由于破损严重，"跑冒滴漏"情况十分普遍，实施二期改造后，大大减少了管网的渗漏，渗漏率降低1个百分点，全市每天按供水30万吨计，一天可节水3000吨，相当于一个小型水厂的生产量。

老城区实施管网改造的启动是在2003年，时至2006年4月，扬州市政府快马加鞭，进一步加强区域供水工作的步伐，又发布了《关于落实西北6乡镇区域供水工作的通知》。《通知》要求，2006年"上半年基本完成西北6个乡镇的并网供水，下半年开始实施沿江乡镇的并网供水"。并且明确提出要求，要"按照'水到井封'的原则，关闭小水厂、封闭地下水深井。对区域供水管网覆盖地区的乡镇水厂及其他企事业单位在用的深井要按照时间表，限期关闭封填"。《通知》中并以附件形式，为市区西北6个乡镇（平山、西湖、槐泗、方巷、公道、甘泉）制定了工程任务分解表及完成时间表，确保了这项工程的有序进行，落实到实处。在《通知》下发前的2005年底，邗江杨庙镇已率先与市区并网供水，《通知》下发后，扬州市自来水公司克服资金筹措难、施工任务重等诸多困难，全力筹措资金，逐步实施西北乡镇、沿江乡镇及东部片区区域供水工程，建成供水增压站5座，铺设供水干管369千米，实现市区29个乡镇的并网供水，受益人口92万多，乡镇用户达到26万户。

时至2009年扬州市区域供水全覆盖工程启动，扬州市区扬鞭跃马，已在工程建设的道路上先行了一步。针对市区的实际情况，市政府在《扬州市区域供水工程实施方案》中对市区明确了新的目标与任务：

至2009年，实行湾头、头桥等2个乡镇联网供水；

至2010年，实行瓜洲、杭集、沙头等3个乡镇联网供水，市区实现区域供水全覆盖。

触目惊心的现实

扬州的区域供水工作虽起步较早，取得了许多成绩，但纵观全市，特别是周围偏僻的乡镇地区，存在的问题还很多，缺水严重、饮用水不安全不卫生的状况时有所见，令人触目惊心。

镜头一：

邗江杨庙镇赵庄村是个严重缺水村，村民的饮用水源为甘八线旁的死水塘，水呈灰褐色，水质很差。水厂的供水时间不仅短，而且有所限制，仅在早、中、晚三个时段供水，总供水不超过 10 小时。村民迫于无奈，家家户户都备以老式大缸，用以储水。水缸用上一周必需清理，因为底部积垢太厚。小水厂所供的水水压普遍偏低，用水高峰期太阳能热水器常常上不了水。据村里的一名张姓村民讲，他儿子结婚时在家请客办酒席，用水问题让他着实犯了愁肠。结婚是一辈子的大事，要请十几桌人吃饭，洗涤用水量很大，而家里只有一只水缸，怎么办？向人借是一个办法，可每家每户的水缸都盛着水，没有一个闲着的，如果腾给你用，自己就得用盆儿桶儿的临时盛水活受罪。老张出于无奈，只得硬着头皮赔着笑脸向邻居借。好不容易借了两只大缸，可厨师看了仍是摇头，说仅仅三个缸，水根本不够用，到时候断了水，事情做不成不说，也不吉利呀。老张没办法可想，只好牙一咬，掏腰包买了两只新大缸。之后区域供水工程的队伍开进了村，老张见了施工人员，无比激动地说："当时我儿子结婚时我就想，如果我们乡下也能像城市一样，能够保证 24 小时供水，水压又足，水不像这么黄黄的看不到底，那多好呀！没想这一天终于来了！"

镜头二：

沙头镇人民滩村是个荒僻的小村，当地走出来的一位摇滚歌手曾写过一首描写自己故乡的歌谣："我的家乡人民滩，40 年前是个芦柴滩，方圆几十里无人烟……"由于它地处扬州最南端，长期以来发展滞后，吃水用水一直困扰着当地百姓。据人民滩村村委会主任介绍，村里人吃的自来水是从井里打上来的。小水厂没有什么规矩，井水用水泵打上来，未经严格的消毒处理，就直接往外送了。每年一月份与九、十月份，自来水水质最差，水龙头一拧，流出的水黄乎乎的，最为严重时，还会发黑，脏得不能用，村民们都要在前一天晚上用盆把水接下来，沉淀一夜第二天才敢用。才放出来的自来水中什么都有，水里不光泥沙多，还有小螺丝、水草、苔藓，看了让人汗毛直竖。村民们实在受不了，一个个跑到村委会闹。据一位田姓村民介绍，当时人民滩村有村民 1986 人，在自来水没有联网之前，村里的死亡人数每年都在 20 多个，实现区域供水后，每年的死亡人数逐渐下降，到如今一年不超过 10 人。谈到这一话题，这位田姓村民无限感慨地说："喝脏自来水，等于慢性自杀啊！"

镜头三：

仪征后山区是有名的贫困地区，长期以来吃水用水一直让村民们头疼。这里地貌特殊，坡冈成片，没有活水河，只有一些狭窄的小水塘与死水沟。村民饮水与用水只能靠小水厂供水或就近在水沟池塘中取水。小水厂的供水无卫生安全检测，许多村民发现，从自家水龙头里放出的水微微发黄，盛在盆里放一夜，会有一些奇怪的沉淀物。一件雪白的衬衣，洗上几次就变黄。更为严重的是，附近有个出了名的"癌症村"，村里多年来屡屡有人死于胃癌与肝癌，癌症的发病率远远高于其他地区，致使本村的小伙子娶老婆困难，本村的姑娘想外嫁到周围的乡镇也有一定难处。仪征卫生管理部门经调查研究发现，该村成为癌症村，与村民的日常饮用水不无关系。村里小水厂生产的原水取自地下，地下的采用按规定必须在 200 米以下，而这家小水厂的水井仅仅打了 20 米，完全是使用的地表水。这里的地表水成分复杂，其中一些成分对人体十分有害，根本不适合作为水厂的原水。原水不合格是一方面，更为严重的是，这一类的小水厂多为"三无水厂"，生产工艺与管道设施均不合格，厂里送到村民家的水其实比山地小河沟里的水好不了多少。生活在这里的村民，每天吃着这种水，用着这种水，心中充满了苦涩与无奈。在区域供水工程建设中，当江源公司身着橘红工装的管道铺设人员进驻这片穷困闭塞的丘陵山区时，当地的村民沸腾了！妇女孩子与老人们涌到村头，禁不住一家家奔走相告，手舞足蹈，笑容满面，激动地欢呼：

"水要来了！"

"我们要有卫生干净的自来水了！"

"政府派人来救我们啦！"

"我们要跟城里人一样喝上放心水啦！"

一位大娘撩起衣襟遮着布满皱纹的脸哭下来，因为她的儿子在 39 岁那年因肝癌离开了人世，他的老伴 3 年前又因胃癌撒手而去。

有人在路边跪下，对着施工队磕起长头……

联网，关键的一步

乡镇吃水用水难是一个普遍存在的问题，在不同地区表现程度虽有不同，但问题的存在却是一定的。如何破解这一难题？行之有效的途径只有一条：实现区域供水全覆盖，即城乡供水统一联网，从源头上改变乡镇小水厂制水供水的落后模式。

乡镇小水厂有一通病，即土法上马，利润至上，供水系统各自独立，管道设施与生产工艺均不合乎要求，致使水压不稳定，水质不达标。从上述三组令人触目惊心的镜头中可以看出，贯彻落实省政府提出的关于区域供水全覆盖的精神，关停并转乡镇小水厂是至关重要的一步。扬州市区原有 31 个镇级水厂和 15 个村级水厂，为了解决这些小水厂问题，使联网供水真正成为现实，扬州自来水公司投资 2200 万元，专门成立了江源公司来担此重任。江源公司成立后，筹资 1.1 亿元，采用资产收购、合资合作、资产划拨等多种方式，全力收回乡镇小水厂业已改制的产权，实行联网供水。

收购小水厂实行供水联网是有序推进的，以邗江区为例，2006 年开始实施联网供水工程，着手对所属乡镇的自来水小水厂实行回购，当年邗江区的西北片乡镇就实现与扬州市区的联网供水。经过几年的努力，至 2010 年，全区 11 个镇中有 9 个镇实现了与市区并网供水，几十万当地居民喝上了清洁卫生的自来水。剩余的两镇是瓜洲镇与杭集镇。经过协调，江源公司与杭集镇第一水厂达成回收协议，到年底为止，杭集镇将与市区实现并网供水。瓜洲镇的并网供水工作经过反复协调，至 12 月底，也最终实行了与市区的联网。在邗江区紧锣密鼓的同时，市属其他各个乡镇也都加快并网供水步伐。几年来，经过江源公司上下干群的群策群力、团结奋战、共同努力，市属 31 个镇与 15 个乡终于实现了并网供水，各家小水厂均收归国有统一管理运营，其中甘泉、朴席两个乡镇由水公司和政府合作经营。新建了西湖、甘泉、张集、大仪、陈集、方巷和刘集 7 座供水增压站，使得区域供水压力得到了明显提升，实现了 24 小时不间断供水，供水管网服务压力达到《江苏省城市供水服务质量标准》要求，供水压力主干管末梢不低于 0.28 兆帕，管网水压力合格率 99% 以上。江源公司还在每个区域供水乡镇设立了 2—4 个水质检测点，每月定时检测余氯，并对一些末梢管道的死水进行排放，确保水质的安全。

实行联网供水，真正受惠的是地方百姓。但小水厂的收购并不是一帆风顺的，有时遇到的阻力很大。扬州自来水总公司的一位负责人说，由于涉及地方和小水厂承包人等方面的利益，2005 年刚开始搞区域供水工作时，难度比较大，用"两头热，中间冷"来形容最恰当。实施区域供水，本来是政府的民心工程、民生工程，政府的推动力度也非常大，把合格卫生的自来水送到农村，这是一件让农村居民十分欢迎的实实在在的大好事。可在具体实施时，在乡镇、小水厂受到的阻力非常大。因为对乡镇与小水厂来说，这是砸他们的饭碗。

江都郭村供水管道铺设

为了做通做好小水厂老板的思想工作，江源公司的干群左一趟右一趟地跑基层，跑乡镇，风里雨里，严冬暑热，星期天节假日经常加班加点不休息。现在江源公司工作的老张，大脸盘，微黑，50多岁，见人笑眯眯。以前他在沙头镇的一家私营小水厂打工。老张说，当时江源公司的人要去关他所在的那家小水厂，小水厂的老板眼睛一翻，气急败坏，就差要跟工作人员玩命。要关他的小水厂，当然给他赔偿，但他不答应，觉得怎么赔都不划算。他那个水厂哪算个厂，就是一个连家店，外人就他老张，其他的是小老板的老婆儿子加上一个小姨子。厂里干活的，主要靠他老张。跟现在扬州城里的水厂相比，小水厂的制水过程十样有八样不合格。什么滤清池、折板反应区、加矾间、加氯间、化验室等等，小水厂里一样没有。就几个大水泥池子，一个池子可以装几吨水。水是河水，根本不考虑什么水源地的要求，哪里就近哪里省事就在哪里取水。水放到池子里加矾淀一淀，氯加不加都不一定，就送出去了。附近的一家船厂全用的小水厂的水，用水量很大，每月要花十几万。除了船厂，还有其他方方面面的用户。厂里出厂的水，成本有限，小老板每个月都快快活活数票子。如今一下要关他的厂，他能不玩命？老张说，小老板那些日子吃不下，睡不着，整天眼睛通红，一说话就吵架，真想买把刀杀人。一位曾经参加当年小水厂关停收购工作的江源公司负责人说，小水厂就是小老板整个的身家，工作很难做，又不能打，又不能骂，只好磨呀，慢慢磨，请乡政府配合协调，反复谈判，拉大锯。市领导对这项工作十分重视。在一些关键点上，当时担任扬州市区域供水领导小组组长的张爱军副市长，曾不止一次亲临现场，坐镇指挥，化解矛盾。

谈到如今的工作感受，老张哈哈大笑："江源公司是现代化大公司，跟乡镇小水厂比，那是一个天，一个地，比不起来。当年呆在小水厂，是呆在井里，根

117

本不晓得城里现代化的水厂是怎么回事，到江源上班之后才晓得，自己虽说做了十几年生产水的事，其实都是做的呆事、笨事，对现代化的制水工艺程序一窍不通。小水厂关得好，关得对呀！这是政府对千家万户老百姓吃水用水安全负责！"

扬州市第一水厂加矾间

江源公司的那位负责人还说，从经济效益上看，区域供水收购小水厂成本高、管网投入大，对江源公司，可以说做的是一件"赔本"的买卖。以仪征张集为例，这里经济落后，处地偏僻。最初深圳的一家公司准备来收购镇上的小水厂，但该公司是民资，他们算算账，发现成本高，不划算，最终放弃了。"民资放弃，我们能放弃吗？我们不能。江源公司是国有企业，区域供水是政府的惠民工程、政德工程，小小水龙头，关系到百姓的民生，江源公司必须全力推进此项工作，而不能一味考虑经济效益。况且，扬州自来水公司是扬州地区自来水生产最专业最具实力的企业，我们不把重担挑起来，谁挑？张集的事，我们包了！"江源公司的那位负责人说出这段话时，充满感慨与激情。据统计，2009年江源公司负责乡镇水厂的收购、经营和管理，亏损900多万，2010年亏损1000多万元。在这种情况下，公司内部也存在过一些不同的声音。但江源公司最终统一思想，一致认为，国有企业承担着比其他企业更多的社会责任，区域供水的实施，能使广大乡镇居民饮上合格卫生的自来水，充分感受到党和政府的关怀与社会主义的优越性，这不是能用金钱来衡量的，况且，这也是城市反哺农村的具体体现，这项工作不仅要进行，而且一定要做好。

老旧的小水厂关停后，乡镇供水经营模式采用市自来水公司将自来水泵售给由江源供水公司收购建立的新的乡镇水厂，泵售价与零售价差为乡镇水厂经营收入。乡镇水厂抄表管理到户，各乡镇水厂独立核算。城乡供水服务实现了一体化，农村居民也享受到了城里的供水服务，各乡镇水厂由市自来水公司派驻人员进行统一管理，把城区自来水的管理方法和要求、服务理念和标准推广普及到基层。

一支建设水厂的"铁军"

　　水厂建设是区域供水工程中极其重要的环节。扬州市区已有第一、第三、第四水厂。第一水厂始建于 1960 年，规模小，供水能力每日仅 5 千立方米，1991年经过扩建，日供水量提高到每日 10 万立方米。第三水厂始建于 1977 年，取水口在廖家沟万福口，日供水能力为 5 万立方米。第四水厂是扬州"八五"期间的重点工程，坐落在古运河、仪征河的分叉处，供水能力为 20 万立方米 / 日。随着城市化步伐的加快、市区人口的急骤增加，三座水厂的总供水量已不能完全满足整个市区生产生活的需求，特别是在夏季用水高峰季节，用水的紧张更成了市民日常生活中急需解决的重大问题。为此，扬州市于 2008 年 5 月开启了第五水厂的一期工程，工程完成后，供水能力为日供水 20 万立方米。其后的 2012 年，扬州第一水厂开始扩建，工程竣工后供水能力为日供水 35 万立方米。这将使扬州自来水公司日供水量从原来的 40.5 万立方米增加到 60.5 万立方米，大大提升城市的日供水量，同时使城市供水布局更加合理，提高了供水安全性，有效解决了扬州市东南片沿江、杭集、北洲工业园以及沙头、头桥等乡镇的供水问题。

　　新建的第五水厂位于邗江头桥镇，工程总规模为日供水 40 万立方米，分两期实

扬州第一水厂的生物接触池

扬州头桥水厂滤池

头桥水厂沉淀池   潼河水厂 2 期建设

施。一期工程建设规模为日供水 20 万立方米，总占地面积 15.08 公顷，工程总投资 3.87 亿元，主要建设内容为：新建原水厂一座，净水厂一座，浑水管线 5 千米，清水管线 34.9 千米。

第五水厂按现代化水厂的目标进行规划设计，工程规划方案充分体现现代化城市供水工程的风貌和水平，工艺选择、设备选型及景观建筑都与国内先进水平接轨。第五水厂选址于城市东南端头桥镇，这不仅呼应了扬州"一体两翼"的发展布局和沿江开发战略，同时和扬州自来水公司的第一、第三、第四水厂分别位居城区三个不同的方位，相互之间形成掎角之势，使城市供水系统布局合理，不仅有利于城市均衡供水，而且提高了扬州城区供水的安全可靠性和管网布局的合理性，降低了供水运行成本。

为了保证第五水厂建设工程的顺利实施，扬州自来水公司从各部门抽调精兵强将，成立了第五水厂建设工程指挥部。每个周末公司领导班子都在第五水厂建设工地集体现场办公，及时协调解决施工中出现的问题，督促工程实施进度。指挥部的全体同志各司其职，密切配合，两年多来，他们舍小家为大家，抢工期，抓质量，团结一心，奋力拼搏，以强烈的事业心和责任感，克服工程实施过程中的种种困难，出色地完成了各项建设任务。由于第五水厂工期紧、任务重，加上工地距市区路途较远，指挥部的同志们经常天蒙蒙亮就赶赴工地，一直忙到天黑才拖着疲惫的身子回家，寒来暑往，风吹日晒，许多人都白皮晒成了黑皮，身子瘦了一圈。工程师周锦良是一名老同志，他干劲十足，每天到岗的第一件事，就是到工地上检查。夏季高温，骄阳如火，他一圈跑下来，浑身湿透，攥在手中的一卷图纸都被手上的汗浸出一道湿印。试水工序是对土建施工质量的一次重要检验，池体建设中，所有参建人员都高度重视试水前的池体清理，而每天奋战在工地一线的李军胜，虽然身子瘦弱，但他在工地上却有使不完的劲，每次池底清理打扫后，他总穿着雨鞋，打着手电，再将每一个角落仔细检查一遍，直到把池内遗留的砂浆、铁钉、模板等各种杂物彻底清除得一个不剩才肯离去。

在第五水厂建设的众多施工队伍中，公司修理厂无疑是一支能打硬仗的"铁军"。这支"铁军"主要负责第五水厂电气和设备安装调试，施工人员经常是晴天一身灰，雨天一身泥。电工班组的成员都很年轻，他们组曾赢得"市级青年安全生产示范岗"称号。班组中的李永浜，在工作中总是冲在前面，重活、累活抢着干。他既是电工，又是兼职驾驶员，一天工作结束后，还要开车送大家回城。修理厂的戴月琴大姐身体不佳，但她冒着高温酷暑，穿着厚厚的焊工服，一丝不苟地进行各项作业。电焊工朱骏的孩子小，家中有困难，可他从来不吭一声，还放弃休息日，主动和同事们并肩作战。

安装公司第四项目部也同样是一支特别能战斗的团队，他们主要负责第五水厂的管道建设，由于施工现场地处沿江公路，来往车辆较多，交通运输繁忙，有的管道还要经过农田，施工环境复杂，他们在确保施工质量的同时，还狠抓现场安全管理。在进行扬子江南路过路管道施工时，他们在施工前做好充分准备，开工后争分夺秒，顽强拼搏，仅用一天时间就将DN1200清水管道穿过了交通繁忙的扬子江南路，漂亮地打赢了一场攻坚战，真正无愧于他们所获得的"省级青年安全生产示范岗"的光荣称号。

经历了2年730个日日夜夜，英勇的第五水厂工程建设者们以他们的顽强拼搏和无私奉献，使一期工程提前竣工，向需水盼水的扬州家乡父老献上了一份厚礼，向关心、支持工程建设的社会各界交上了一份满意答卷。

问渠哪得清如许？

何以"清如许"，关键在水源。

水源地的科学选择和严格规范的保护，是确保区域供水安全卫生的重要基础。1996年扬州市政府办公室发布了《扬州市市区饮用水水源地保护管理办法》，管理办法中要求，市区供水单位要按照省政府的指示精神，严格界定保护区范围，对水源地进行综合整顿治理，关停污染企业，以确保水源地的水质符合国家标准。

市区现有三个水源取水口，分别是廖家沟万福取水口、长江瓜洲取水口和长江三江营取水口。其中，第一、三水厂原水取自淮河入江水道廖家沟，第四水厂原水取自长江瓜洲段水域，头桥水厂原水取自长江三江营段主航道，取水口位于三江营上游1.5千米处。三个水源地分别处于不同的水系和长江的上下游，可互为备用。有四个原水厂，瓜洲原水厂位于长江北岸、瓜洲汽渡以西，建于原第四水厂一期工程，取水规模为30万吨/日。三江营原水厂位于邗江区头桥镇九圣村长江大堤内，距扬州市区约35千米，建于原头桥水厂一期工程，取水规模为60万吨/日；原万福源水厂建于1981年，建设标准低，不能完全满足现行的水源地环境保护要求，为此，公司于2014年5月启动了扬州市廖家沟水源地达标建设取水口迁建工程项目，并于2015年4月底投入运行。新万福源水厂现位于中沟河与滨水路交叉口西北角，育才小学东校区北侧，取水规模40万吨/日，主供第一水厂。

近几年来，扬州市自来水公司根据上级指示精神，和市水利、城建、环保等多部门合作，形成

扬州市区水厂三江营水源地

扬州市区水厂廖家沟水源地

扬州市区水厂瓜洲水源地

水源监测、信息通报的联运机制，及时进行水源水质信息通报和突发水源事件报告。具体措施是，第一，一是按照水源保护相关要求，对廖家沟、长江瓜洲、长江三江营三个饮用水源地一级保护区实行封闭式管理，设置隔离防护网或建设生态防护林；在取水口设置明显的范围标志和禁止事项告示牌、警示牌和宣传牌，在二级保护区和准保护区设置界碑。二是关闭或搬迁一、二级保护区范围内潜在污染的生产企业，在一级保护区陆域范围内进行封闭式管理；同时各原水厂配备粉末活性炭投加装置，储备了拦油索和吸油棉等应急物资，以保证水源水质安全。三是在水源地取水口安装在线自动检测系统，24 小时监测原水水质，同时安装自动摄像装置，对水源保护区进行 24 小时连续监控，对原水水质特征污染因子变化情况实时监测，合理调整粉末活性炭、高锰酸钾和净水剂的投放量，保证出厂水的水质达标。同时配备了溶解氧、PH 自动连续检测仪表，实时在线监测溶解氧、耗氧量等 7 项水质指标，密切关注原水，并安排人员定期对保护区巡视，发现可能污染水源安全的情况，及时上报并妥善处理。除了水源地，净水厂的工艺水平与管理状态对城乡供水的水质影响也十分巨大。扬州自来水有限责任公司实现从源头水到龙头水的全过程精细化管理，生产的每个细节都本着安全优质的原则，以确保扬州人民放心踏实地享用又清又纯、安全卫生的自来水。扬州四家自来水厂的质量控制点按标准设置到位，原水、生产过程水和出厂水水质检测项目、频次等，均严格按省厅 2009 年（139 号文件）要求执行，对生产全过程的水质进行严格控制。各水厂分别制定了相应的净水方案，原水受到微污染时，启动应急处理技术方案，确保出厂水安全合格。扬州自来水公司依据新的《生活饮用水卫生标准》，制定了企业内部水质管理制度，主要指标要求比上级规定标准严格，如浊度指标内控标准一、三水厂为 0.8NTU 以内，日常均值在 0.2 NTU 以内；四、五水厂内控标准为 0.5 NTU，日常均值在 0.1 NTU 以内。四家自来水厂的净化处理工艺均先进成熟，稳定可靠。以新建的第五水厂为例，出厂水质执行 GB5749—2006 全部 106 项标准，并且充分体现了节能低耗的环保理念。

第二，采用"机械混合＋折板絮凝平流沉淀池＋V 型滤池＋氯消毒，并预留深度处理"净水工艺，即在强化常规处理工艺的基础上，增加预处理环节，预留了深度处理空间。对污泥进行处理时，根据排泥水性质，将沉淀池排泥水和滤池反冲洗废水分别收集处理，最大程度地实现节能减排目标。

第三，采用先进合理、稳定可靠的自动化控制系统，设备设置技术先进，质量可靠，自动化控制管理程度高，不仅优化了劳动生产环境，还降低了劳动生产强度。

扬州第一水厂中控室

此外，扬州自来水公司在城区代表性区域和并网供水乡镇设置了测压点，供水调度室根据管网压力情况，科学合理调度，公司出厂水压力超过 0.40MPa，管网压力超过 0.30 MPa，末梢水压力大于 0.20MPa，保证了用户水压充足。

扬州自来水的检测项目原先只有 106 项，2010 年增加了 50 多项。国家卫生部和国家标准委联合发布的《生活饮用水卫生标准》2007 年正式实施，其检测标准从原先的 35 项增至 106 项，要求全国各地区最迟于 2012 年 7 月 1 日按新指标实施检测。也就是说，卫生部和国家标准委联合发布的《生活饮用水卫生标准》要求检测 106 项指标，扬州不仅提前两年执行，而且还向更高目标迈进。这次新增的 50 多项检测项目，除隐孢子虫、贾第鞭毛虫和微囊藻毒素 3 项指标外，还有 20 多项指标全部针对原水检测，包括内吸磷、松节油、硝基苯等，市民最为熟知的敌百虫也在其中。检测结果表明，扬州自来水中的上述敌百虫、硝基苯等有毒物质在原水中都未检出或含量极小，远低于国家标准，市区饮用水很安全。

"忠诚的卫士"

附：《扬州市市区城市供水管网水质公示》

管网水质检测点地址	检测日期	浑浊度（≤1NTU）	色度（15度）	臭和味（无异臭异味）	余氯（≥0.05mg/L）	细菌总数（≤80CFU/mL）	总大肠菌群（不得检出）	CODMn（≤3mg/L）
汉河镇	12.11	0.21	＜5	无	0.10	1.00	0.00	1.30
	12.17	0.14	＜5	无	0.15	3.00	0.00	1.20
新职业大学	12.11	0.45	＜5	无	0.20	0.00	0.00	1.50
	12.17	0.36	＜5	无	0.10	0.00	0.00	1.80
四季园	12.11	0.57	＜5	无	0.10	0.00	0.00	1.30
	12.17	0.17	＜5	无	0.10	0.00	0.00	1.70
万鸿	12.11	0.25	＜5	无	0.30	0.00	0.00	1.20
	12.17	0.16	＜5	无	0.25	0.00	0.00	1.20
西客站	12.11	0.26	＜5	无	0.20	0.00	0.00	1.40
	12.17	0.17	＜5	无	0.20	0.00	0.00	1.60

（续表）

管网水质检测点地址	检测日期	浑浊度（≤1NTU）	色度（15度）	臭和味（无异臭异味）	余氯（≥0.05mg/L）	细菌总数（≤80CFU/mL）	总大肠菌群（不得检出）	CODMn（≤3mg/L）
蒋王镇	12.11	0.28	＜5	无	0.30	0.00	0.00	1.20
	12.17	0.19	＜5	无	0.15	0.00	0.00	1.30
开发区路	12.11	0.30	＜5	无	0.30	0.00	0.00	1.30
	12.17	0.16	＜5	无	0.15	0.00	0.00	1.20
苏北医院	12.11	0.28	＜5	无	0.10	0.00	0.00	1.40
	12.17	0.24	＜5	无	0.10	0.00	0.00	1.20
康山园	12.11	0.24	＜5	无	0.30	0.00	0.00	2.10
	12.17	0.35	＜5	无	0.05	0.00	0.00	2.20
体育馆	12.11	0.34	＜5	无	0.05	0.00	0.00	1.90
	12.04	0.41	＜5	无	0.10	0.00	0.00	1.70
平山乡	12.04	0.27	＜5	无	0.10	0.00	0.00	1.60
	12.17	0.51	＜5	无	0.10	0.00	0.00	1.80
西湖镇	12.11	0.52	＜5	无	0.30	0.00	0.00	1.80
	12.17	0.70	＜5	无	0.20	0.00	0.00	1.60

扬州市水质检测中心一侧

化验室

如果把扬州市水质检测中心比作区域供水卫生安全的忠诚卫士，应该说是十分准确的。长期以来，该部门本着"打造扬州好水品牌"的理念，严把水质关，在区域供水全覆盖工程中，默默地做了大量工作。该中心于1998年12月通过江苏省供水企业一级化验室的资质评定及江苏省技术监督局计量认证评审，2002年批准进入省建设厅建立的江苏省城市供水水质监测网，成为省网地方站。目前中心站拥有原子吸收分光光度计、气相色谱仪、原子荧光光度计、离子色谱仪、弱 α 及 β 放射性测量仪、液相色谱仪、气质联用仪、快速毒性分析仪、紫外可见光分光光度计、HACH浊度仪、电子分析天平、红外测油仪等70台（套）

扬州市水质检测中心获得的锦旗

仪器，仪器配备率达100%，水质检测近180项，覆盖了GB5749—2006中的全部106项参数，以及GB3838—2002《地表水环境质量标准》中全部参数107项。早在2010年能就率先通过了水质新标准GB5749—2006的全部106个指标的检测，在江苏省地级市供水行业处于领先水平。

好的单位都有一个优秀的领头人，说到扬州市水质检测中心，人们都会对它的负责人颜勇竖起大指，说一声："他是好样的！"在单位，颜勇是大家公认的水质专家，每年6—9月份万福闸取水口开闸泄洪，对水源水质会有一定负面影响，为此，颜勇制定了一系列预案和相关制度。每到这个时候，他总是安排中心检测人员24小时跟踪监测，确保原水安全。晚上他主动参与值班，在一厂、三厂、万福闸源水厂连轴转。这段日子你如果找他，检测中心的人会这样对你说："他不在一水厂就在三水厂，或者是在赶往万福闸源水厂的路上。"因为常在外面奔走，他常常饭都不能按时吃，更谈不上睡一个囫囵觉了。由于他带领着大家认真严谨一丝不苟地把关，从而安全地应对了万福闸取水口一次又一次的开闸泄洪，将洪水对原水的影响降到最低，保证了一、三水厂出厂水的水质。另外两个取水口位于长江沿线，特别是第四水厂的取水口在瓜洲长江段，上游有好几家化工厂，还有众多的油轮装卸码头，长江上的潜在污染源是暗流涌动，任何一起排放或泄漏造成的污染对取水口的水质都是致命的影响，特别是在冬季枯水期，水位低，水量小，长江的自净能力减弱，给水质安全带来隐患。每年到这一时段，颜勇每隔两三天就赶往瓜洲取水口进行一次实地查勘，沿着江边往上游方向走，寻找任何影响水源水质的蛛丝马迹。有时他沿着瓜洲段长江沿岸走上好几个来回，不停地纵目四望，不放过任何一个可疑点。

"身在制水岗位，心系全市人民"，这是颜勇同志经常放在嘴边的话。他工作尽心尽责，凭着一丝不苟的精神、精湛的水处理技术和应急突发事故的经验，带领公司广大员工，使水质管理工作不断迈上新台阶，水质中心成长为一支"拿得出、过得硬、技术精"的专业检测队伍，多次荣获城控公司和自来水公司所颁发的先进奖状。

做好饮用水事故应急预案

近年来，由于全国各地环境污染及生态破坏事故不断，各地水环境污染事故时有发生。由于扬州市区饮用水水源地存在突发性船舶污染和上游来水污染的危险，因此，科学应对城市供水突发事故，规范城市供水突发事故应急处理工作，建立、健全城市供水突发事故应急机制，使应急供水工作快速启动、高效有序地运转，有效预防、及时控制和最大程度消除城市供水突发事故危害十分必要，为此，扬州市自来水公司根据市里统一布置，制定了相关预案。

为了做好市区预案工作，扬州市自来水公司依据《扬州市城市供水事故应急预案》，首先进行了危险源分析。分析结果显示，市区供水危险源主要来自于三方面：（1）水源地上游陆域、水域发生重大有毒有害物泄漏、污染的；（2）水源水位过低或枯竭，取水困难的；（3）地震、塌陷、城市供电系统发生事故等，影响到水厂生产和安全的。根据早期信息、监测信息，对引发供水事故级别进行分析，作出预警分级，供水事故分四级：I级（特别重大）、II级（重大）、III级（较大）、IV级（一般），其相应的预警分级颜色分别为红色、橙色、黄色和蓝色。

扬州市自来水公司紧急预案中明确，一旦事故发生，无论级别大小，都应在1小时内向上级供水行政主管部门报告，报告应涵盖下列内容：发生事故的时间、地点、信息来源、事故性质；事故造成的危害程度，影响用户范围，事故发展趋势；事故发生后采取的应急处理措施及事故控制情况；需要有关部门和单位协助抢救和处理的相关事宜及其他需上报的事项。

事故发生，应急处理的过程至关重要。为此，全市建设了备用水源，对原有的饮用水源地突发污染事件应急预案进行了修订，建立健全了供水预警和应急处理机制，其应急预案内容包括：

自来水水质污染灾害事故应急处理办法；

净化厂各工艺段放空紧急处置办法；

供水调度应急处理办法；

管道抢修应急处置办法；

氯气泄漏应急处置办法；

厂区停电应急处置办法；

防汛抗洪应急处置办法。

并多次组织开展了饮用水源地突发事件应急演练活动。

未来，任重而道远

几年来，在市委、市政府的领导下，经过城建部门广大干群的共同努力、团结奋战，扬州市区实行区域供水全覆盖取得了喜人的成绩，清洁安全的水不仅送至周边乡镇，而且依据《宁镇扬泰通地区区域供水规划》提出的，要打破行政区域界限、合理配置水资源就近供水的原则，最西送至安徽的秦楠，最南送至镇江共青团农场，解决了当地人民吃水难的困难，真正为地方百姓送来温暖，送来幸福，送来了党和政府的关怀。但展望未来，对照目标，区域供水工作还存在很多不足，有待未来进一步努力。

首先要不断改善生态环境，建立城市污水处理系统，进一步加强水源地的管理，从根本上、源头上封杀一切破坏水源地水质的各种外在因素，全面提升原水质量。其次要积极开展自来水深度处理改造。深度处理是实现从"合格水"向"优质水"转变的有效手段。扬州市第一水厂是扬州首个对自来水实施深度处理的水厂，在常规净水工艺的基础上，新增三道深度水处理工艺，出厂水已达到直饮水标准，水质指标全面优于国家生活饮用水卫生标准，在省内同行中位于前列。其他水厂近期也在规划并落实深度处理工艺，不久的将来将会步上新台阶。最后，要加快管网改造步伐。2014年8月5日晚，市区维扬路中国银行门口，一条自来水主管道突然爆裂，喷涌而出的自来水将土层的泥沙冲出，造成西侧的非机动车道和绿化带坍塌，一名骑三轮车经过的小伙子连人带车陷入坑中，三轮车瞬间被泥水吞没，所幸小伙子脱险。相隔仅仅一年的2015年夏日的一天夜里，秋雨路一处自来水管道又发生爆裂，百余米路面水流成河，周边部分小区发生断水，严重影响了道路交通与居民的生活。老城区的街巷之中，到了严寒冰冻季节，屡有水管爆裂事故发生，造成老街巷一片泽国。这些现象的出现，均为管网老化所致。为此，要大力开展管网普查工作，对各地的管龄、管径、管材和区域分布情况作出统计，在认真普查的基础上，加大资金投入，进一步制定改造方案，优先更新改造漏损率大、管龄长、管材差和群众反映较多的地区，不断实现管网的更新换代，使市区的区域供水工作进一步迈上新台阶。

（编写：蒋亚林）

百万人民同饮一江水

——江都区域供水纪实

区域供水，势之必然

　　城市供水设施作为城市经济社会发展的重要基础设施，直接影响到工业生产，关系到人民生活质量的提高。江都[1]是扬州乃至江苏社会经济较为发达的地区，经过"八五""九五"两个五年计划，城市供水事业取得了长足的发展，城市供水设施能力基本满足了城市经济社会的发展要求。但是，随着江都城市现代化进程的加快，城镇供水基础设施新的矛盾逐渐显现，主要表现在：一是供水水源条

2011年，江都市区域供水全覆盖通水仪式。

件差，易受污染。俗话说"一方水土养一方人"，然而对于素有"江淮明珠"美誉的江都来说，千百年来却有一半以上的人没能喝上长江水。江都虽然自上世纪90年代就普及了自来水供应，但未能从长江取水，而是一直以深井水为主，全市66家自来水厂，有59家供应地下深井水。但无论是抽取的地下水，还是三阳河、野田河的河水，水源都随时面临受地表水污染的威胁，加之乡镇水厂水处理工艺水平的落后，深井水矿物质含量高、碱性大，抽检合格率不足80%，群众饮水安全得不到根本保证。即使是地处城区的居民，也因取水口地处淮河入江水道和里下河排涝出口，受"外洪内涝"的影响，水质同样会受到影响。二是城乡供水各自为政，已不能适应现代化和经济社会发展的要求。乡镇自来水厂建设，一镇一厂，甚至一村一厂，城镇供水的小而全，行政区划的人为分割，造成供水基础设施不能共建共享，能力得不到充分发挥，不能适应现代化进程和经济社会发展需要。三是城乡基础设施发展不平衡，广大农村居民生活质量差。江都镇村居民生活用水大部分都是由当地乡镇小水厂供水，水源条件差，企业规模小，管理和技术基础薄弱，生产设施陈旧，成本高，水质、水压不达标，管网漏失率高，农村供水普及率低，政府和群众都不满意。

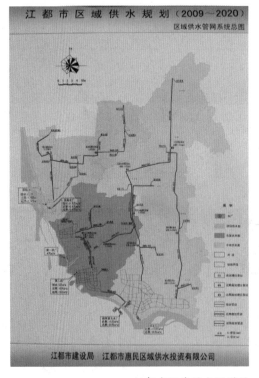

江都市区域供水规划图

为促进江都城乡协调发展，解决城乡供水基础设施出现的新的矛盾，改善广大农村地区群众的饮水水质，提高他们的生活质量，实现区域经济社会可持续发展，实施区域供水已成势之必然。

顺势而为，决策推进

经过深入调研，江都市委、市政府明确提出要求，必须以科学发展观来引领区域供水工作，以让广大群众都能喝上安全优质的长江水为目标，坚持"高起点规划、高标准设计、高质量实施"，确保早日建成区域供水工程并投入使用。

2005 年，江都编制完成了《江都市区域供水规划》，并按规划推进了部分区域供水工程。但随着区域经济和供水事业的快速发展，为适应城区南部滨江新城、北部工业区和沿江开发区的建设发展规模和速度，满足江都乡镇体系重组后的各乡镇的发展规划的供水要求，同时为加快江都区域供水

江都市区域供水工作会议

步伐，实现市政府提出的到 2012 年区域供水全覆盖的目标，建设局按市政府的部署于 2009 年 8 月完成了对区域供水规划的修编。修编后的区域供水规划实施目标为：建立以市属水厂、邵伯水厂（含油田水厂）和沿江开发区水厂为龙头的三大供水圈，区域供水工程总投资 9.16 亿元，新建输配管网 DN300 ～ DN1200 总长为352.28 千米，新建总规模为 36.5 万立方米 / 日的增压站 7 座。

为确保扬州市五届七次全委会议及扬州市政府确定的江都在 2012 年底全部实现区域供水目标的实现，根据修编后的规划并结合江都区域供水工作实际，按照紧前不紧后及让群众早日受益的原则，研究制订了江都 2009 至 2012 年逐年实施计划，到 2012 年实现区域供水全覆盖。

2009 年 8 月 26 日，经市政府常务会议研究，市政府正式发文，对市建设局关于批准实施《江都市区域供水规划》的请示作出批复，规划获准实施。在批复中，原则同意江都市区域供水规划的三个供水圈方案及水厂、管网布局方案，其中市属、邵伯供水圈由市建设局组织推进，中闸供水圈由开发区管委会组织推进。原则同意推进的时序计划和市、镇、村、组及个人的工作任务的划分。明确市承担三大供水圈水厂的扩建任务，承担到各镇的干管建设；镇承担镇到村的支管的建设任务及原有小水厂的收购、特许经营权收回任务；村及个人承担村到组、到个人的管网建设费用。至 2012 年，区域供水覆盖全市域 13 个镇区，并将管网延伸至各镇及片区，实现对全市 42 个原乡镇体系中乡集镇的供水。

经过精心组织与准备，江都市政府于 2009 年 10 月 30 日召开了全市区域供水工作会议，进行全面部署动员。江都市主要领导进行了动员讲话，领导小组成员单位负责人、13 个镇主要负责人、所有自来水企业负责人计 150 余人参加了会

议。会议提出，加快推进区域供水工作，用一年左右的时间，基本实现全市区域供水基本全覆盖。要求全市上下进一步统一思想，充分认识到推进区域供水是确保饮水安全的重要保障，是促进持续发展的客观需要，是建设全面小康的重要内容，是城镇供水事业的发展方向；进一步突出重点、狠抓关键，在实施过程中细化实施方案，加快项目建设，多元筹措资金；进一步强化领导、落实责任，各镇、各有关部门必须高度重视，精心组织，密切配合，真正把好事做好、实事做实。

在本次会议上，下发了江政人〔2009〕31号《关于成立江都市区域供水工作领导小组的通知》，领导小组由市主要领导任组长和副组长，各相关部门和各乡镇主要负责人任成员，领导小组下设办公室，办公室设在江都市建设局。下发了江都市区域供水方案，明确了工程建设内容。江政办发〔2009〕130号《关于印发江都市区域供水各镇及相关部门任务分解表的通知》，对江都区域供水任务进行了分解，明确了责任单位、责任人、任务内容、任务完成时间等。

江都区域供水工程涉及范围为全市区域，包括主城区、沿江经济开发区（含大桥镇）、吴桥镇、浦头镇、丁沟镇、郭村镇、小纪镇、武坚镇、宜陵镇、丁伙镇、邵伯镇、真武镇和樊川镇，总面积为1332平方千米。全市市域未来需水总量为69.33万立方米/日。全市供水布局规划分为市属供水圈、中闸供水圈以及邵伯供水圈三大供水圈。其中市属供水圈范围为江都主城区、宜陵镇、丁伙镇，以江都市第一水厂、江都市第二水厂、扬州五水厂为区域供水水厂；中闸供水圈范围为沿江开发区（含大桥镇）、吴桥镇、浦头镇、丁沟镇、郭村镇、武坚镇、小纪镇，以沿江开发区水厂（亨达水务有限公司）为区域供水水厂；邵伯供水圈范围为邵伯镇、真武镇、樊川镇，以邵伯水厂、江苏油田水厂为区域供水水厂。

在市政府的组织领导下，江都三大供水圈区域供水工程全面铺开，多点推进，夏战高温，冬冒严寒，全过程跟进管网铺设、加压站建设等工作，现场解决施工矛盾，协助确定施工方案，督查施工质量、进度和安全，目的就是让老百姓早日喝上安全水、放心水、干净水。市属、邵伯供水圈工程于2010年5月开工，中闸供水圈北片于同年8月10日开工。截至2011年8月，通往全市原42个乡集镇的主管网已全部建成。

民生工程，高度重视

作为与百姓密切相关的头号民生工程，江都市委、市政府高度重视，始终将区域供水工程作为一项中心工作和为民办实事工程来抓，致力于将区域供水工程建成示范工程、阳光工程、健康工程。2009年10月召开全市区域供水工作动员会，2010年5月19日，又专题召开区域供水工作推进会，与各镇、各相关部门签订了目标责任书，确定了工程推进的时序计划和市、镇、村、组及个人的工作任务的划分；要求市承担三大供水圈水厂的扩建任务，各镇承担供水主干管网建设和镇到村的支管的建设任务；确定分三个时间点对原有小水厂的收购、特许经营权收回。同时，加大工作考核力度，将区域供水工作列为年度目标考核的重要内容之一，对完不成年度目标任务的镇、部门，实行问责制度，严肃追究主要负责人和相关职任人的责任。对区域供水工作目标任务完成好的镇、部门，市政府拿出一定的资金，采取"以奖代拨"的方式，给予适当支持和补贴。

回购或关闭小水厂，存在收购成本高、矛盾难协调等突出问题，给区域供水工程的顺利推进带来不小的难度。2010年年初，对全市小水厂进行全面摸底排查，明确各镇政府是小水厂回（收）购的主体，并明确小水厂回（收）购及特许权收回政策，要求各镇所有小水厂要在2010年6月底、2010年12月底和2011年12月底三个时间点全面有序地完成回购工作。市政府多次专题召开小水厂回购工作会议，要求各镇党委政府主要负责人高度重视，要作为政治任务对待，必须完成。市政府组成由政府办、水务、建设、环保、卫生为成员单位的督查组，逐镇逐家对小水厂关闭及经营权移交工作进行过堂。这一难点和重点问题的解决为区域供水工程的顺利推进提供了有力保障。

在区域供水工程建设中，江都市领导多次亲临一线，现场办公，协调解决矛盾。要求各镇各部门密切配合、强势推进，在抢抓工期的同时，确保工程质量和施工安全，切实把区域供水这一民心工程办实办好。江都区域供水工程还得到了江都政协的关注和重视。为让群众喝上安全水、放心水、干净水，江都政协委员一直在呼吁。据统计，江都十二届政协有23件提案涉及供水工程，从水源保护、水质

区域供水管道工程施工

检测、管网建设、资金筹措、中小水厂资源整合等方面提出建议对策。政协委员连续、不间断的建言，得到市政府的重视和采纳。

江都区域供水工程的顺利推进离不开扬州市的关心和支持。时任扬州市委常委、常务副市长张爱军同志多次来江都视察、指导区域供水工作。他指出，江都区域供水在扬州各县市中工程量最大、标准最高、最具前瞻性。要求江都咬定目标、突出重点、加速推进，确保如期竣工，让人民群众早日喝上放心水、幸福水。扬州市人大也多次视察江都区域供水工作，对江都区域供水工作领导重视、规划科学、措施实在、进度较快、成绩显著，表示肯定，同时希望江都继续集中精

管网施工

力、财力，推进区域供水；按照序时、排好节点、挂图作战，确保工程进度；严加监管、明确责任，把好工程质量关，切实把区域供水这一民心工程办实办好。

供水功臣，无私奉献

江都区域供水工程建设十分艰辛，成果来之不易，广大人员攻坚克难，无私奉献，为这一精品工程付出了巨大努力。在整个区域供水工程中，运用新技术，穿越铁路4处、高速公路8处，大小通道不计其数。在中闸供水圈北片向阳桥接管中，打破设计常规，采用牵引法施工，克服地质条件差、施工环境复杂等困难，解决了过河管道难题，成功实施了420米供水管道拉管。

同时，工程还面临管道勘察设计、挖掘安全，与周边单位及群众协调矛盾等多种难题，需要各镇、村以及职能部门共同协调处理。在区域供水这场战役中，涌现出了许金林、张山荣、孙剑等一批供水功臣及更多的奋战在一线的施工人员。他们为了使工程早日建好，付出了巨大辛劳，但收获的是无尽的喜悦。

扬州区域供水纪实

·推进篇

134

作为江都区域供水项目指挥及现场总负责人，建设局副局长许金林从项目规划设计方案的把关、现场施工管理、新技术的运用以及方方面面矛盾的协调，不知熬过了多少不眠之夜，付出了多少艰辛。仅研究二干渠管道走向就先后到现场踏勘 20 多次。

局公用事业处主任张山荣负责郭村镇至武坚镇全长 40 多千米的管道铺设任务，由于沿途地形复杂、尖锐矛盾多、施工难度大，尤其是在清障中，群众要求"赔青"的矛盾特别多，张山荣在指挥施工的同时，深入群众，深入实际，耐心与当地群众沟通，并请地方干部密切配合，把难题解决在现场，把矛盾化解在事前。在优化施工方案上，张山荣动足了脑筋，吃尽了辛苦。原来的管道施工设计路线图是根据航拍设计的，存在与实际不符的问题。为此，他多次顶烈日、迎风雨进行实地勘察，有的施工段他能反复跑上 10 多遍，走田头、跨坎沟、踏小道，全面优化调整了施工方案，衔接好施工的每一个环节，从而有效降低了管道施工难度，避免施工给群众带来的不便，还相应减少了投资成本。他发挥的先锋模范作用，为区域供水工程建设打了场漂亮仗。

江都自来水有限公司承担市属、邵伯两大供水圈区管网建设，公司党支部积极引导广大党员干部紧紧围绕区域供水这一民生实事工程，带头做贡献、当先锋、塑形象。公司在时间紧、任务重、技术人才紧缺的情况下，立即抽调包括 5 名公司领导在内，以党员为主体的 13 名精兵强将，分成工程技术服务、市属供水圈、邵伯供水圈和加压站工程四个小组投入工作。

在支部倡导的"一党员一面旗"的要求下，各个工作组的党员负责同志身先士卒、带头苦干，积极带领小组成员加班加点做好配套技术服务，想方设法解决工程矛盾。

市属供水圈现有施工点 6 处，工程协调负责人王永庆每天奔波于各个工地，解决施工矛盾，推进工程进度，并且承担着扬州五水厂至江都开发区主管网施工占地的洽谈和矛盾协调，一天行程最多时达到 200 多千米。

在真武油区，地下油田管线纵横交错、错综复杂，俨然一幅巨型的地下"蜘蛛网"，如何保证油田管道安全、确保供水管道顺利铺设？江都建设局、真武镇和油田试采一厂成立专门工作小组，认真研究讨论，实地督查指导。在滨湖桥前段十字路口，在这条不宽的路段地下就铺有将近 10 根输油管道，这些大小不一的管道地下埋设高度不等，层次错开，区域供水负责人与施工单位、监理公司深入研讨，多次实地踏勘，听取多方面建议，谋划解决方案，采用钢管调整角度连接的方式，避免碰到输油管道，使问题得以迎刃而解。

"供水管道铺到哪里，工作小组就跟到哪里。"邵伯供水圈负责人孙剑回忆说，"在农田施工，一般一天铺设30多根管道，而在地下'蜘蛛网'密布区域，一天只能铺设两根管道。从滨湖桥到三干渠大概2千米的路程，我们连施工带恢复花了近两个月时间，确保地下'蜘蛛网'完整无缺，没有损坏一根输油管道，也没有发生一起管道安全事故。"

加压站工程组负责人韩春晖，为了精确做好测量，带头冲锋在前，战高温，顶着烈日在现场一站就是几个小时。从工程铺开以来，各个工作组的同志没有好好度过一个休息日，每天，他们当中许多人的衣服都是反复地干了湿、湿了干；每天，有好多同志回到家都累得不想再多说一句话。皮肤，因为太阳的炙晒变得黝黑；嗓音，因为过度的说话变得嘶哑；身体，因为劳累而迅速消瘦。但他们的精神都十分饱满，没有一个人有怨言，因为他们心中都有一个共同的信念：我们是党员，就要到最需要的地方去！

公司工作人员滕立志胃出血，去医院做了胃镜，医生让他多休息，但第二天他仍然坚持到了樊川镇供水管道铺设现场，与施工人员讨论过河管道铺设方案。

有一段时间冷空气到来，奋战在管网铺设现场的多名自来水公司工作人员患了轻重不等的感冒，但大家仍然放弃休息，坚持在一线工作。技术人员夏阳华说："在家休息感觉心里不踏实，现在管网铺设进入冲刺阶段，大家一刻也不能放松。"

自2010年8月区域供水工程开建以来，施工设计人员为加快工程进度，都放弃了休息，周末正常上班，国庆、中秋也没有休息，遇到当天管道铺设时间延长，下班时间也会顺延。"但对我们来说，这一切能换来工程进度，值！"邵伯供水圈负责人孙剑至今回忆起来，仍自豪不已。

民生工程也是民心工程

民生工程得民心，区域供水工程快速推进，同样离不开百姓的支持。在供水管道铺设至樊川镇三周村时，老百姓一听说要喝上长江水了，全村人兴高采烈，热闹喧腾，大家不约而同地积极配合工程队施工。有村民热心地告诉施工人员："我们这条路下面好像有电缆线，你们施工要注意啊。"在快施工到陈奶奶家门口的菜地时，陈奶奶主动去问施工人员："我家门口种的菜碍事吗，要是碍事的话我这就去拔掉。"

小纪镇吴堡村的村民一直吃着地下水，而且当地水厂考虑成本，每天都是限时供水，超过规定时间就没有水用。一听说供水管网要通到吴堡，村民比过年过节还要兴奋，我传你，你传他，"终于可以不断水了，我们也不需要掐着时间去用水缸水桶等着接水了""原来的水都有一层的沉淀，现在终于可以用上干净水了"……该村村民争相去看供水管道铺设现场，并给施工人员大力支持。在通到村民张大爷门口的水泥路时，张大爷虽然有点不忍心水泥路被破坏，但是他咬咬牙，说："不能因为我一家影响工程进度，我们全村都在等着用上长江水。"张大爷主动帮助施工人员清理水泥垃圾、废弃砖头等，并协助他们一起对路进行了二次修复。这样的事例，举不胜举。

工程完工，造福地方

"我们武坚人也喝上长江水啦！"2011年8月20日，江都市最东北部的武坚镇4万多名群众欢呼雀跃，奔走相告。当天上午，江都市委、市政府在武坚镇举行了全市区域供水工程建成通水仪式，标志着江都头号也是最大的为民办实事项目——区域供水管网已延伸至原乡镇体系中的42个乡集镇，提前完成了扬州区域供水三年全覆盖江都两年实现的任务。从此，洁净达标的长江水可以通过地下管网，流进江都千家万户，全市13个镇、108万人口告别内河水、深井水，今后都能够喝上放心满意的长江水，饮用水质从此实现了质的飞跃。

一年多来，江都区域供水工程累计投入13亿元，铺设主干管网400多千米，建成7座增压站，实现全市1332平方千米内的区域供水全覆盖，将扬州市部署的三年任务提前16个月完成。

2013年9月30日，随着江都区域供水市属及邵伯供水圈管网及泵站工程通过竣工验收，标志着迄今为止江都区城乡供水管网投资规模最大、覆盖面最广、群众受益最明显的民生工程全部顺利通过竣工验收。

实施区域供水后，群众喝上了安全水、放心水、干净水，饮用水质量得到根本改善，人们过上了方便的生活，地方经济发展也有了一个全新的平台。

武坚，位于扬州最东边、里下河腹地的乡镇，没有区位优势，没有产业优势，却吸引众多专家驻足，带着自己的智囊团，为企业设立科研院所，研究行业前沿的科技产品。武坚成为全省首批"创新专业镇"，也成就了闻名全国的"武坚现象"。

"一杯水也是招才引智的硬条件！"乡镇负责人自豪地说，武坚镇虽距离江

七里增压泵站

都主城区 50 千米，但通过区域供水工程，武坚人和城里人一样同饮甘甜的长江水。"好水泡上一杯好茶，敬给专家，他们在武坚工作生活很惬意。"

群众朴素的话语里，说的最多的一句话就是感谢党、感谢政府。可以这样说，实施区域供水工程，是全面建设小康社会、造福江都城乡百万人民的民生工程、实事工程，功在当代，利在千秋！

三大供水圈实现"互融"

2011 年 8 月，江都区域供水实现全覆盖，形成市属、中闸、邵伯 3 大供水圈，其中，中闸供水圈供水范围为大桥、吴桥和浦头，邵伯供水圈供水范围是邵伯，其余 9 个镇则属于市属供水圈范畴。三大供水圈只向各自管辖区域供水，之间并未实现联通，为保障城乡供水安全，建设城乡应急备用水源、实现三大供水圈互联互通，成为各方关心的话题。

在与扬州供水圈实现互联互通的基础上，经过努力，江都区建设局制定了市属、中闸、邵伯 3 大供水圈管网互联互通实施方案，并于 2015 年 3 月上旬组织人员开始施工。

市属供水圈与中闸供水圈的管道碰接工程位于大桥镇三丰村黄庄组。中闸片区的供水企业是亨达水务，主要负责大桥、吴桥、浦头三个镇的自来水供应。"此次碰接工程，也就是市属供水圈的管网与亨达水务管道实施联通。"工地负责人陈国回忆，为连接市属和中闸两大片区的供水管网，从 3 月 6 日起到 16 日已铺设了 40 米 DN1000 管道，为管网碰接做好准备。"这种钢管口径有一米，流量大，完全可以满足沿江开发区的应急供水需求。"陈国说，"管道碰接环节很多，比如已经完成的管道铺设，还有排水、防固、浇筑混凝土等程序，另外还有两个重要的步骤就是安装阀门和流量计。"为防止连接管的结合处渗漏，还要对水管进行打磨焊接。

由于靠近长江，施工有点难度。大桥一带沙土层比较厚，由于往下挖土边挖边塌，而且有地表水渗出来，加上最近多雨，排水成了工程建设中比较困难的一个环节，排水不到位，工作进度就要减缓，所以就在工地附近打井降水。同时，沿路还有燃气、通讯等管线，在与相关部门提前沟通的基础上，区自来水公司施工人员在施工时小心翼翼，避免碰到这些管线。

邵伯供水圈与市属供水圈的碰接点位于邵伯镇南广场处，供水管网口径为DN300，工程难度相对较低。2015年5月，江都的市属供水圈与中闸、邵伯供水圈碰接工程均已完成，实现"互融"，扬州自来水公司每天向江都供水约10万吨。对江都区三大供水圈互联互通工程的意义，区建设局副局长许金林说："实施互联互通工程，在遇到突发性情况的时候，能变被动为主动，向城乡居民实现可持续供水，这对于构建城乡多元供水体系、保障城乡饮用水安全具有十分重要的作用。"

加强饮用水源地保护

饮用水源地保护直接关系到水质的安全和广大人民群众的身体健康，关系到经济社会的可持续发展。江都高度重视饮用水源地保护工作，区政府也一直坚持把加强饮用水源地保护作为一项重要工作来抓，在水源地达标建设、监控管理和综合整治等方面采取了一系列措施，并取得了较大的成效。

近年来，江都把饮用水源地达标建设，作为保障城区30万居民饮水安全和南水北调东

有条不紊地施工

线输水安全、提升水源地管理工作水平的重要举措。自 2011 年 3 月，江都就启动了饮用水源地保护的规划和实施工作，区政府专题召开常务会议，讨论通过了区水务局提交的达标建设计划，区政府成立达标建设领导小组，编制了建设实施方案。

按照"确保饮用水源水质优良、水量充足、水生态良好，实现'一个保障''两个达标''三个没有''四个到位'"的总体要求，累计投资 11457 万元，重点实施了保护区环境综合整治、取水口整治抛石防护、生态防护及隔离、取水头部防护、水源地保护警示标牌和水质在线监测等六项工程。同时，坚持"安全第一"的方针，着力构建高标准水安全保障体系，做到水量保障充足、水质保障安全、备用水源地落实、水源地管理规范，切实强化水源地达标建设和南水北调水源保护工作，让群众饮用的每一滴水都是"安全水""放心水"。截至 2016 年 1 月，长江三江营江都水源地、高水河江都水源地、芒稻河江都水源地均通过了省级达标验收。

此外，江都四大饮用水源地保护区范围明确规范、监管有力，自动监控系统设置到位，水质保护情况良好。城建部门积极加强管网水监测，在全区确定 55 个采样点，监测结果每月网上公示，确保水质安全达标。

倾力解决部分群众饮水苦难

区域供水全覆盖后，仍有部分地区由于种种原因，群众难以喝上安全水。针对这种情况，江都有关部门急群众之所急、想群众之所想、办群众之所需，切实做好群众饮水工作。

樊川镇实施区域联网供水后，因镇区原有管网配套不合理等方面原因，阳光花园、工业园区、教师楼一带一直水压偏低，群众生活十分不便。区建设局在群众路线教育实践活动中，从群众最关心、最急迫的问题入手，把帮助乡镇政府共同解决"低压区"列为为民办实事重点。为尽快解决樊川镇区部分群众的实际用水困难，局长陈冬青牵头组织区域供水分管局长、供水企业负责人与樊川镇党委、镇政府负责人进行现场查勘、会商，落实了管网改造工程施工方案，通过多方筹措管网改造资金的办法解决建设资金困难，投资 300 万元从最近的区域供水主管道上新铺一条总长度 3.6 千米的 DN300 管道，以彻底解决阳光花园、工业园区、教师楼周边水压低的问题。

砖桥社区新东、新西两组位于新、老通扬运河之间、龙川工业园区东侧，距离城市供水主管网较远，村组呈东西狭长状，住户分布零散，需铺设直径 110 毫米主管 4 千米、支管 11 千米，工程施工费用高。经区建设局、仙女镇政府、供水公司、村组多方面协调，共同解决了工程资金筹措难的问题，促成了新东、新西两组接水工程的实施。当地两组 124 户群众彻底告别吃水难问题，无不拍手称快。

调整水价，不忘民生

民用自来水价格的制定和调整，涉及到广大消费者的切身利益，会给农村居民增加一些消费支出。2011 年实现区域供水后，如以三大供水区域测算的实际供水成本确定农村到户水价，市属供水圈民用水价格将不低于 2.8 元/吨，沿江供水圈将不低于 3.8 元/吨，邵伯供水圈将不低于 4 元/吨，此价格水平不仅高于城区，也与群众经济承受能力不相适应。江都区物价局充分发挥职能作用，在市场调查、成本监审、价格听证的基础上，按照"合理补偿成本，统一各镇价格，适当衔接城乡水平"的原则，拟定了区域供水价格方案，经江都区政府第二十六次常务会议研究，出台了农村区域供水价格，即民用水 2.5 元/吨，工商业用水 3.2 元/吨，特种用水 4.0 元/吨。为保持社会和谐稳定，对困难群体实施优扶措施，低保家庭和五保户每月免收 3 吨水费。此次价格调整着眼于区域供水长远发展的实际，又兼顾了大多数农村消费者的承受能力。

2014 年 11 月，江都区为对接扬州主城，拟再次调整民用自来水价格，为此召开听证会，提出两种方案备选。经多方征求意见，2015 年 5 月，经报扬州市物价局批准同意，江都区自来水价格调整工作正式实施。为避免和减轻居民用水价格调整对低收入群众的影响，实行主城区低保家庭每月免收 5 吨水费，农村低保家庭和五保户每月免收 3 吨水费的政策。

区域供水工程虽然完工了，但保障群众饮水安全却是一项系统、长期的工作。只有始终心系人民，扎实做好各种后续建设、管理工作，才能使这一民生工程持续造福人民。

注释：

[1] 江都：2011 年 11 月 13 日，经国务院批准，江都正式撤市设区，称扬州市江都区。

（编写：方亮）

划时代的创举

——仪征区域供水纪实

仪征市区域供水通水典礼，时任扬州市委常委、常务副市长张爱军讲话。

这一天，注定要载入仪征发展史册。

2010年12月31日，月塘登月湖畔披上节日的盛装。"仪征市区域供水全线通水典礼"几个醒目大字，在朝晖的射映下显得格外耀眼。彩旗迎着寒风微微飘动。清澈的湖面不时泛起粼粼的波光，恬静中带有几分神秘。湖堤湖水与蓝天白云交织成一幅绝妙的风景画。

四面八方的月塘农民向登月湖涌来，向庆典现场涌来。"告别当家塘，喝上长江水"，仪征丘陵山区几代人的梦想，而今就要变成现实。无疑，人们的喜悦之情都写在了笑脸上。

庆典现场选在月塘龙山村民广场。主席台是临时搭建的，从幕墙到台面一袭"中国红"，营造出喜庆欢乐的气氛。来自月塘龙山村少数民族的侗族、苗族、土家族、满族和壮族的村民，特意身着民族服装，他们要用特有的方式见证非凡的时刻。广场的一角，鼓号队、腰鼓队、舞龙队、秧歌队整装待发，他们要在通水剪彩仪式的那一刻，载歌载舞，把自己的喜悦之情尽情地表现出来。

仪征实现区域供水全覆盖，让丘陵山区的居民"共饮一江水"，是一项划时代的工程。如此惠民创举，选择特殊地点、特殊时间举行，成为必不可少的环节点。活动的意义在于，它是仪征区域供水全面决战胜利的总结，更是仪征吹响治水可持续发展的号角。

通水庆典选择月塘登月湖，可谓独具匠心的安排。因为，月塘在仪征区域供水工程会战中，以超凡之举和担当之勇，在管网施工、并网供水、备用水源工程以及小水厂回购等四个方面打了漂亮的翻身仗，为仪征在扬州市供水年度考核中摘取桂冠增添重要筹码，博得头功，也为仪征供水工程实现完美收官划上圆满的句号。

冬日的阳光夹带着柔和，冬寒的微风也渗透着暖意。上午十时许，雄壮的国歌声响起，宣告庆典活动的开始。

扬州市委常委、常务副市长张爱军亲临现场，带来市委、市政府的问候与祝贺。他的讲话充满赞美之词："仪征积极响应市委、市政府的号召，以坚定的决心、非凡的气魄，强有力的举措，科学规划，精心组织，扎实推进区域供水工程。尤其在财政非常困难的情况下，投入 2.5 亿元，从东中西线实现全面区域供水，在扬州各县市中率先实现了区域供水全覆盖地目标。"

如此带磁性的语言，沁人心扉。现场观众为之动容。

简短的仪式结束后，当张爱军副市长轻轻拧了一下水龙头，清甜的长江水便汩汩涌流而出，鼓掌和喝彩声响彻登月湖畔，久久回荡，不绝于耳。

供水工程汇集的仪征精神在月塘凝固，在登月湖定格。

现场沸腾起来。鼓号队、腰鼓队、舞龙队、秧歌队鱼贯登台表演，将庆典活动推向高潮。来自四乡八邻的志愿者更是忙碌不停。他们将一杯杯长江水热情地递送给观众。顿时，整个广场演化成欢乐的海洋。

月塘，这个充满诗情画意和科幻色彩的丘陵古镇，登月湖，这个产生"嫦娥奔月"传奇的圣洁之地，今天以独有的方式迎接 2011 年元旦的到来，以独有的方式展示仪征人民改天换天的豪情。

仪征率先"让全体市民喝上干净水"的壮举，同样得到江苏省委的高度评价。2011 年的新年刚过，1 月 12 日，省委书记罗志军即由扬州市委书记王燕文、市长谢正义、市政协主席洪锦华、宣传部长卢桂平等陪同，饶有兴致地视察仪征区域供水工程。他强调："仪征推进区域供水，是一项民心工程，是一件事关群众福祉的实事、好事，是一项打基础、利长远的工作，要坚持下去，切实把群众的利益维护好、发展好。"

是的，一项德政惠民工程，它所产生的凝聚力与向心力，远远超出工程本身。

透过月塘庆典，仪征区域供水有多少扣人心弦的情景要向世人再现，又有多少可歌可泣的故事要向世人述说。

布局三大战线

尽管时间已经过去了五六个年头，仪征市水务局给排水科科长陈佳佳提及当年布局供水工程战线的情形，仍是记忆犹新。采访时他说，仪征推进区域供水，是"破天荒"的大事，是解决丘陵山区22万农民饮用水安全的最大的惠民工程。牵动社会的每根神经，涉及全市的每个角落。受惠面可以说是"双全"：全体乡村，全体农民。

谈到工程的特点和难度，陈佳佳微微一笑说："概括起来为'两大'和'两难'。"他同时伸出双手，各用两个手指来表示，"这'两大'，一是工程投资量大，根据概算，整个工程投资总额约为2.5个亿；二是管网铺设量大，共需铺设支干管网2650千米，仅三级管网铺设就超过2500千米，相当于扬州到北京里程的两倍。这'两难'，一是地势复杂增加了施工难度。仪征地形分为平原、丘陵、冈地三类，落差50多米，最高的超过60米，像后山区的月塘等乡镇便是。仪征供水，形象地说是'水往高处流'，如果要把仪征自来水厂的水送到月塘农民的家里，需要经过四级泵站的提升。二是村落分散增加了管网铺设难度。仪征自然村落有4000多个，可谓星罗棋布。特别是有些村落不仅居住极为偏僻，而且居民极少。难度之大，可以想见。"

区位特点决定供水施工方案的因地制宜。仪征决策，分东线、中线和西线三路作战。为了早日实现区域供水目标，也为了节约投入、降低工程量，仪征有机地将三线工程进行分解。东线工程与扬州自来水公司开展合作，主要辐射刘集、新集、大仪、陈集等四个紧邻扬州的乡镇。西线工程则与仪化供水公司合作，以解决枣林湾生态园和铜山办事处的居民供水。中线工程辐射真州、马集、月塘、谢集等乡镇，牵头单位为仪征水务总队。这是仪征区域供水工程的主战场，也是三线中投资最大、线路最长、障碍最多、起伏最大的战线。

西线最先开工。

2009年3月，春寒料峭时节，西线工地作业已经开始。其施工路径是：从

时任省委书记罗志军视察调研扬州市区域供水工作

仪化水厂输水管道接水，沿胥浦河路铺设管道。经过天池路，将水输送到枣林湾生态园。西线旨在配合枣林湾生态园发展，以及农民集中居住示范点建设。因为工程体量相对偏小，管网线路相对集中，奋战两个月即告竣工。

西线辐射区域集中在枣林湾生态园，故又称为枣林湾工程。枣林湾工程共铺设输水管道8.1千米。其间，建无负压增压泵站一座，安装各类口径闸门30组，砌筑各类井体35座。工程造价约1500万元。当扬州市人大通过的《关于加快推进区域供水 切实解决农村饮用水安全的决议》刚刚颁布时，仪征市西线供水工程即已顺利通过竣工验收。可谓"扬马奋蹄未鞭时"。

东线最是悬念。

东线工程从2009年11月8日开始。它的倒逼机制产生的紧张气氛在于，必须赶在春节前，即2月14日前完工，确保老百姓春节喝上长江水。不仅工期紧，相对于西线而言，东线施工的任务要艰巨得多，复杂得多。单说送水这一项，因为地面落差大，运程远，施工难度之大很明显地摆在面前。从长江瓜洲取水口到仪征刘集镇之间，地面落差40米以上，运程约50千米。虽然东线施工的主体单位是扬州市自来水公司，但扬州自来水公司主要负责管网铺设和供水管理，而责任主体仍是仪征两级政府。除了资金压力稍可喘气之外，其他一概如中线"压力山大"。

进入隆冬，寒风呼啸，仿佛新年的钟声已经在耳边响起。

"时不我待。"沿线乡镇迅疾策应，主动对接。刘集镇更是"捷足先登"，政府先行投入总计超过2000万元，用于铺设三级管网，建三级泵站。大仪镇亦是不甘示弱，宣传力度大，施工速度快，群众热情高。不乏当年韩世忠"大仪大捷"的遗风。继新集、大仪、刘集之后，陈集镇也赶在春节前的1月15日进入并网供水的行列。

扬州市自来水公司真是太给力了。为了赶在春节前让山区群众饮上放心安全的自来水，施工人员歇人不歇机，加班加点抢进度。"两个巴掌拍得响。"他们与沿线乡镇同呼吸、共命运，兵分两路，配合默契，因而提前实现胜利会师。

当陈集镇通水喜讯传来，东线悬念化解，一块石头落地。春节送上长江水大礼包，东线人民"喜洋洋者矣"。

中线最具看点。

作为仪征区域供水的主战场，中线工程于2009年10月8日开工，比东线早一个月行动。

按规划要求，中线预算投资1.54亿元，铺设一级管网24千米，二级管网120千米，三级管网2500千米。工期14个月，也就是必须确保在2010年12月底竣工并交付使用，从而实现区域供水全覆盖。中线工程量和工期设定均远远超过东线，它的使命是完成仪征区域供水的最后决战。

中线头四个月出手不凡。从曹山至月塘的24千米供水主干管铺设进展顺利，中途增设加压泵站两座。并赶在春节前的2月8日将长江水送至月塘集镇，试通水也取得成功，称得上"开门大吉"。

始料未及的是，接下来的半年时光里，中线工程一波三折。2010年秋天，是中线的摇摆季节。

艰难的考验接踵而至。受资金借贷以及合作谈判未果等等不利因素的影响，中线工程一度陷入困境。直到10月14日，张爱军副市长赴仪征专题调研区域供水工作，察看曹山、三十里墩泵房以及马集镇水厂、谢集茶场水厂等重点工程项目，半年多的时间里，西线工程"蜗牛爬行"，进展缓慢。二级管网刚刚启动，三级管网还是"一片空白"。即便是11月8日的全扬州市推进会召开，仪征中线三级管网也才铺设121千米，距2500千米的铺设任务相差甚远，是完成目标书的零头。

时间只剩下了最后一个月，就像比赛到了赛点，气氛紧张得令人窒息。在"军令状"面前，仪征是不是成为"诸葛亮挥泪斩马谡"，着实让人为之捏一把冷汗。

"狭路相逢勇者胜。"在临近见分晓的关键时刻，仪征奋力一搏。每天以100千米的铺设速度前进，提前10天，也就是2010年12月20日完成2500千米的三级管网铺设任务。宛如争夺冠军的马拉松运动员，拼足力量向终点线发起冲刺、摘取金牌一样，仪征不仅如期实现区域供水全覆盖的任务，而且一举夺得全扬州年度供水工程的冠军。

真是"不鸣则已，一鸣惊人"。月塘通水庆典的举行，宣告中线工程完美落幕。

直如精彩舞台呈现，仪征布局区域供水三大战线工程，一个比一个富于戏剧性，一个比一个有看点。

破解两个难题

仪征实施区域供水，面临诸多的难题。地貌高低落差大，自然村落过于分散是一个方面，这是静态矛盾。动态方面，资金短缺、小水厂回购、水源保护区内企业搬迁等等难题，更具挑战性。

资金短缺是第一大难题。

毕竟，2.5亿元的投入是一个巨大的数字。如此涉及全局的区域供水工程，堪称"破天荒"。没有相应的资金作后盾，不可想象项目还能不能支撑下去。中线工程一度处于停摆状态就是很明显的例子。

成功来自创新。通过走创新投入机制、多渠道筹集资金之路，困扰工程的瓶颈得以化解。方法有二：首先，以仪征市水务局资产作抵押，仪征市财政兜底担保，向交通银行贷款一个亿，当然，谈判过程是艰难的，历时10个月才敲定下来；其次，采用市场化运作方式，招引马来西亚实康集团参与投资仪征"水务一体化"，成立江苏实康水务环保发展有限公司，注册资本金6000万元，专业从事仪征水务市场投资；与此同时，向上级争取到项目配套资金800万元。至此，一盘棋才得以下活。

小水厂回购是又一大难题。

截至2008年，仪征共有小水厂103家，分布于各个乡镇。另有各种自备深水井158口。这些小水厂在粗放式供水经济中曾经有过特殊贡献。本世纪初，这些小水厂大都已改制。相关矛盾也不断产生。他们的自制水、深井水和塘坝水都未经严格的消毒处理和卫生检验，达不到安全卫生饮水标准，长久饮用会对人体造成伤害。加之生产设备和工艺的落后，规模偏小，不能满足广大农民对安全饮水的要求。事实上，各类小水厂已经成为制约区域供水集约化和并网式发展的瓶颈。因此，回购小水厂成为必然和必须。某种程度上说，回购小水厂是实施区域供水的关键，也是实施区域供水最大的难点。

收获同样产生于创新之中。仪征综合运用经济、行政和法律等手段，加快小水厂回购和自备深水井封填的步伐。在回购小水厂方面，实现四个举措并行，即"上压""外挤""内逼"和"给出路"。"上压"和"外挤"，主要体现在政府的督查、考核层面，体现在出台政策，首先依法关闭自备水源井。通过运用经济和行政双重杠杆，大幅压缩小水厂盈利空间，促进回购的顺利洽谈，这叫"内逼"。实施两个"妥善"，妥善解决历史遗留问题，妥善安置水厂富余人员，这叫"给出路"。

典型引领发挥作用。真州、新城等乡镇通过建立领导小组、合理经济补偿、解决人员安置等手段，使回购工作有序推进。仪征市政府积极推广他们的经验和做法，在区域供水工程全面竣工前夕，成功回购全部小水厂103家。

封填自备深水井方面，分两批依法关闭区域供水覆盖范围内的自备水源井，做到"管到井封"，并制定相关奖励办法，对按期或提前完成回购任务的乡镇给予一定的奖励补助。对原小水厂的深井封填不搞一刀切，而是进行甄别。凡是有灌溉功能的水井在断开原供水接口后，保留灌溉出口，并进行标示；其余水井一律封闭。全市158口自备水源井全部关闭。第一批关闭101口，其中只封不填的93口，封填的8口；第二批关闭57口，其中只封不填的30口，封填的27口。对封填的井，使用黏土进行永久性科学处理；对只封不填的井，运用科学方法封存，以作应急备用水源井。当饮用水源地突发水污染事件，或区域供水管网发生问题时，其可以随时发挥作用。这些备用水源井日出水量为7.2万吨，完全可以确保全市人

西线区域供水枣林湾施工现场

民应急状态下安全饮水的供应。

稳健地回购小水厂，稳妥地处置自备井，这也是仪征防患于未然、立足于长远的创新考虑。

打造仪征速度

提到速度，人们自然会联想到深圳"时间就是金钱，效率就是生命"的著名口号。改革开放初期，由蛇口工业园区创造的"蛇口模式"，是深圳速度的典型代表。而今，在扬州实施区域供水工程的决战中，也有一个引起广泛关注的"仪征速度"。

"仪征速度"是在区域供水中线工程特定的背景下形成的。

为了收集到相关的一手资料，我们除了采访仪征市水务局给排水科的陈佳佳科长，还走访了仪征港仪水公司的副总及水工程专家。他们一致感慨，一个月要铺设2500千米的管网，不可思议，不敢想象。

当时的情形确实令人担忧。直到11月8日扬州市召开推进会，仪征中线的三级管网才完成二十分之一。而确保12月底实现区域供水全覆盖，是仪征市政府向扬州市政府立下的军令状。

"军中无戏言。"仪征只有杀出一条血路的选择，没有任何退缩的理由。要不当被斩的马谡，只有豁出去！

曹山加压泵房施工

中线工程上下紧急行动起来。

仪征市水务局一马当先。他们倒排工期，将任务分解到每一天。全线每天沟槽开挖100千米，这是硬指标，死杠子，雷打不动的速度。而且管网施工属于隐蔽工程，必须沟槽开挖到哪里，水务总队的管道铺设到哪里，现场监理验收到哪里、回填到哪里，一切同步完成。

为了加强现场监管，水务局各个科室人员全部下去蹲点。其角色，既像指挥员，又像协调员，既像战斗员，又像统计员，多职责于一身。特殊时刻，一个顶俩。

对此，陈佳佳在接受采访时回忆说："我们白天在现场，晚上在会场。"他笑道，"每天晚上10点赶回局里参加汇报会，汇报现场情况。然后是进度统计，当场公布。该表扬的，该通报批评的，一针见血，毫不留情。"

因为动真碰硬，中线工程进度迅速逆转。保持一天100千米的速度强势推进。

偏偏一家忙，家家忙。当时正遇"农村综合整治工程"启动，各乡村河塘清淤如火如荼。仪征一时闹起招工难，而且一天一个价；作业挖掘机出现奇缺，有些乡镇争相抢夺挖掘机械；焊接工更是打着灯笼也难找到。真是"洛阳纸贵"。"用工荒""机械荒"，造成人心慌。

水务局和水务总队开动脑筋，利用一切可以利用的资源，调动一切可以调动的力量。一方面从外地紧急调入民工和机械设备，一方面提高设备使用效率。一天两班倒，人停机不停。紧张忙碌，超强度，超密度，前所未有。蹲点人员全程参与把控"四关"，即材料关、沟槽标准关、管道接口关和回填土质量关。他们实行全天候服务，发扬连续打几仗的顽强作风。累了，病了，也坚守阵地。轻伤不下火线！

月塘镇是仪征中线工程的主战场。捷报不断从其所辖的村组传来。当管道铺设至最西北的移居村时，参与建设的工地所有人员再也控制不住自己的情绪，甩帽吼叫，抱头痛哭。这是"漫卷诗书喜欲狂"的纵情释放，这是"男儿有泪不轻弹"的尽情表达。

如果说施工速度是"仪征速度"的一个方面，那么，回购速度是"仪征速度"的另一个方面。

这里的回购速度专指小水厂回购速度。资料显示，仪征共有103个小水厂。2010年上半年主要是真州、新城两个镇回购15家，约占总任务的14.5%。也就是说尚有88家，约占总额85.5%的小水厂回购未启动。时间过半，而任务未过半。这是摆在仪征面前的又一大挑战。按照区域供水实施方案要求，2010年小水厂关闭必须与并网供水同步完成。只有两者都做到了，即通常理解的"双过关"，才能称得上真正意义上的区域供水全覆盖。

仪征在加快推进施工速度的同时，亦加快推进回购速度。为此，仪征市政府提出"四个明确"：一明确全面关闭。实行区域供水是切实保障群众安全饮水

市领导召开区域供水推进会

的唯一措施，不允许以经济账为借口延缓集中供水进程，管网通达地区小水厂必须并入大管网，原水源一律关闭。二明确责任主体。各乡镇必须承担二、三级管网建设的主体责任，要成立专门工作班子，专人负责，一责到底。三明确经营主体。各乡镇可以采取灵活的方式，包括自营、合营、回购、托管等途径，实施小水厂关闭。四明确奖惩办法。政府出台的奖励办法，按照回购时限予以差额奖励。以 2010 年 9 月为起算期，每关闭一个奖励 5 万元；此后每延迟一个月关闭一个，减奖 1 万元。凡底限期内完不成的，实行问责，年度文明考核一票否决。这个办法称之为"递减式"，后来在全扬州推广。

和施工速度是逼出来的一样，回购速度也是逼出来的。仪征各乡镇"八仙过海，各显神通"，一口口将回购的硬骨头啃下来。至 12 月底全部完成下半年 88 个小水厂的回购任务。其中，真州和新城两镇各 3 个，马集镇 11 个，谢集乡 13 个，月塘乡 20 个，枣林湾（含铜山）7 个，陈集镇 14 个，刘集镇 2 个，大仪镇 15 个，串联出长长的成绩单。

"仪征速度"就是这么打造出来的。

这个速度更深层次意义上体现的是迎难而上、敢打敢拼的仪征精神，以及勇于担当、勇于决胜的仪征豪情。

寻觅月塘现象

如果说"仪征速度"具有强烈时间感的话，那么"月塘现象"更具空间感。

2010年，仪征区域供水决战号角吹响，月塘镇成为万众瞩目的焦点。政府的许多文件里频繁地出现月塘的名字。《扬州市区域供水工程实施方案》明确"仪征市2010年新铺设供水管道34千米，月塘乡实现联网供水"，《仪征市区域供水工作目标责任状》写明"2010年新铺设供水管道约12千米，完成一个乡镇（月塘乡）联网供水"。

月塘走进仪征区域供水工程决战的最前线。

"自知不负广陵春。"工程会战的每一个环节，不论是管网建设，还是水厂回购，不论是备用水源保护，还是环境综合整治，无不与月塘息息相关、紧密关联。一枝独秀的月塘，以秀美与刚毅的结合，迎来仪征区域供水的满园芬芳。当下，人们喜欢将具有一定效应与影响的人事，称之为"现象"。我们不妨将2010年月塘在区域供水中所产生的社会效应归结为"月塘现象"。

"月塘现象"之一，月塘水库荣登备用水源榜。

中国有句古语，叫"有备无患"，又叫"防患于未然"，都是强调防备二字。国家颁布的《水源水保护规定》也强调建设备用水源的作用，在第十五条明确指出："县级以上地方人民政府应当确定饮用水备用水源，保障应急状态下的饮用水供应。"仪征选择月塘水库建立备用水源，就是防患于未然的前瞻之举。

月塘水库荣登备用水源榜，有自身的原因。月塘水库总库容1789.5万立方米，俗名叫鸭嘴桥水库，1999年更名为"登月湖"，是扬州市唯一一座中型水库。显然，它不仅是扬州的掌上明珠，更是仪征的掌上明珠。

所幸，月塘水库不仅成为仪征备用水源重点打造的工程，而且成为江苏省纳入国家规划的29座大中型水库除险加固之一的工程。

月塘水库除险加固工程总投资2803万元。主要实施大坝加固、泄洪道加固、输水涵加固、金属结构及电气设备更新、工程管理设施改造等。竣工后的月塘水库将承担着防洪、灌溉的功能，同时兼顾水产养殖、旅游开发等。它的最重要的一项功能是，在突发情况下确保能向全市连续供水200天以上。工程用10个月时间，2009年8月完成并通过江省水利厅竣工验收。

紧接着又有三项配套工程。其一，备用水源泵站工程，投资约870万元。其二，备用水源管道工程，投资5200余万元。沿胥浦河铺设约22千米DN700球墨铸铁管道，通过建成的月塘水库备用水源泵站，在应急时将月塘水库原水送至弘

扬州区域供水纪实 · 推进篇

桥水厂处理后供水，当出现供水突发事件时，可将水库水送回至仪征市供水公司处理，保障城乡居民饮用水安全。其三，微动力生活污水处理工程，共3座，投资万元，日处理污水量达到850吨/天，以有效地控制污水进入水库水系。

这还不够。月塘水库备用水源工程首先明确的标准是，按饮用水源一级保护区标准集中整治。以取水设施沿岸周围半径300米内的陆域为一级保护区为标准计算，月塘水库沿线大堤外300米红线内的所有居民及工厂企业等都必须实施搬迁。显然，月塘水库的新一轮建设远远超出一般水库除险加固的标准。

"装点此关山，今朝更好看。"备用水源四大工程将月塘水库，也就是登月湖装扮得越发靓丽。

"月塘现象"之二，小水厂回购完美收官。

月塘镇原有小水厂23个，这在仪征仅次于有25个水厂的大仪镇。改制后整合为19个，是为长兴水厂、林蚕水厂、山郑水厂、八组水厂、东风水厂、张岗水厂、龙山水厂、四新水厂、曹集水厂、移居水厂、乌山水厂、许云水厂、甘冲水厂、大云水厂、月塘水厂、移居村水厂、大洪云水厂、魏井水厂和余云水厂。

月塘借鉴外地经验，并赋予小水厂回购创新方式，成立专门工作班子，走兼并回购之路，洽谈签订《小水厂回购协议》。具体运作上实行区别对待，即：对有集体产权的小水厂，由镇政府直接回购，原小水厂人员、债权债务及终止合同等镇政府负责处理，对私营小水厂由镇政府根据资产评估结果予以回购；对不配合兼并回购的小水厂依法依规强行关闭；对阻挠区域供水工程和农村饮水安全工程实施的相关人员依法予以查处。

由于工作细致缜密，月塘小水厂回购按年度计划有序推进。至2010年11月21日，扬州市区域供水工作领导小组办公室编印的《区域供水工作简报》宣布：仪征月塘成功回购19个小水厂，完成目标任务。

"月塘现象"之三，中线工程体量最大。

仪征区域供水中线工程总投资为1.54亿元，支管网2650千米。月塘在其中所占比重最大，工程体量也最大。据11月21日《区域供水工作简报》统计，月塘任务为主管124千米、支管2500千米投入5500万元。当月实际施工主管进度159.4千米，已超额完成；支管2122千米，剩余378千米；投入5266万元，剩余234万元。

可以得出结论，月塘投资额占了总量的三分之一多；月塘的管网铺设量占总额的绝对数，一级管网全包，二、三级管网占总量的94.3%。

月塘为仪征区域供水中线工程支撑起一片天地。

"月塘现象"之四，老区精神处处显现。

月塘是革命老区。1937 年 12 月日军侵占仪征县城，国民党县政府迁移月塘海惠寺至 1940 年 4 月解散。同年共产党领导的仪征县抗日民主政府在月塘海惠寺成立。新四军北上后是扬州首届抗日民主政府所在地。老区精神这一次在区域供水中线工程中处处显现。

水库建设，移民在先。月塘水库区居民无不响应政府号召，愉快地搬入新居地。当然政府对移民后期扶持工作也及时跟进，投入 386.47 万元，安排扶持项目 19 个，后期扶持直补资金及时足额发放。政府和百姓，两心相连，互帮互让。侗族大姐程必蓉不仅最先从保护区内迁出蔬菜大棚，还义务守护水库大坝确界立碑设立的禁止标志牌。

民生工程得民心，离不开百姓的支持。在月塘乡龙山村施工，遇有哪家门口有树，村民都主动砍伐让道。祁云组村民娄正朝为了施工，主动锯掉 33 棵栽种了 8 年的意杨树。他说："政府为民办事，个人牺牲点利益，值！"

月塘水库建成备用水源地，对于铁坝、尹山、丁公、曹营、龙山等村来说，无疑也损失不少利益，仅养殖者一块每个村就少收入 140 万元，还有养殖户，数字很可观。但舍小我而利大我，他们义无反顾。

家住月塘镇捺山村的农妇高敬珍虽是普通农家妇女，言行却有眼光。我们采访她时，她带我们楼上楼下地参观，并指着大水缸和扁担、水桶说："我用了大半辈子了，哪一天政府办纪念，我把它们送出去，让子孙们看看，教育他们好日子来得不容易。"

还有许多感人的例子。老区精神在月塘的处处显现，令我们感慨之至。

这就是可贵的"月塘现象"，这就是可敬的老区精神在新时期的发扬光大。

换一个角度审视，"月塘现象"放大观赏就是仪

管道通水

征现象，或者说是仪征现象的微缩版本。"管中窥豹，略见一斑。"

请记住月塘，记住登月湖，记住 2010 年 12 月 31 日"仪征市区域供水全线通水典礼"这一幕。仪征率先在扬州各县市实现区域供水全覆盖，彻底解决仪征市中后山区 30 多万农民安全饮水的问题，所有的梦想与现实，全都融入于供水工程血脉中，定格于历史记忆长河里。

仪征的青山绿水，仪征的黎民百姓，我们为您歌唱，我们为您欢呼：

一个划时代的创举，演化为仪征速度和仪征精神；

一个划时代的创举，演化为仪征新一轮经济和文化建设大潮的开篇曲。

中线区域供水二级管网龙河现场

（编写：韩月波）

打响扬州 " 第一枪 "

——高邮市区域供水纪实

高邮市区域供水竣工通水仪式

　　2011 年 12 月 31 日上午，天高气清，万里无云。温暖的阳光照耀在里下河广袤的平原上，使鳞次栉比、纵横交错的河荡湖面也显得波光粼粼，突显别样的生机。位于高邮东北角的司徒水厂区，一群人胸挂红花，站在巨幅的红地毯上，喜笑颜开。他们身后又宽又大的喷绘背景上赫然写着：全市区域供水竣工通水仪式。

　　高邮市委、市政府在司徒水厂隆重举行全市区域供水竣工通水庆典。扬州市委常委、常务副市长张爱军及扬州市水利局、建设局、高邮市四套班子主要领导等参加了活动。高邮市副市长孙建年通报了全市区域供水工程建设情况，张爱军致贺词，并和时任高邮市委书记丁一共同启动通水按钮。

　　在通水仪式上，张爱军说，高邮市在区域供水工程建设过程中，创新思路，强化举措，顶着重重压力，克服重重困难，顺利完成区域供水的目标，并探索总结出了许多好的经验。他希望，高邮市委、市政府及相关部门要切实加强饮用水源整治和保护，加强对供水企业的安全监管，完善各类应急预案，全面提高饮水安全保障能力，让广大城乡居民持续饮用安全、合格、卫生的放心水。

　　这一天的到来，比原计划整整提前了一年。

这一天的到来，是市委、市政府坚持发展为民、改善民生幸福的一件大好事，也是全市人民期盼已久的一件大喜事。

这一天的到来，高邮人历经了四年的艰辛努力，四年的千辛万苦，四年的创新创造，四年的坚持不懈。

15.38 万人面临供水危险

在区域供水前，高邮市有 2 区 20 个乡镇，281 个行政村和 52 个居委会，总人口 82.71 万人。乡镇供水事业起步于上世纪 80 年代初，经过 20 多年的努力，农村供水基础设施建设形成规模。累计投入 1.13 亿元。建成镇村级水厂 61 家，供水能力约 10 万吨 / 日，市级水厂 2 座，供水能力 9.5 万吨 / 日。至 2007 年，全市自来水普及率累计达 96.2%。

根据农村饮水安全调查评价分析，2004 年底高邮市饮水不安全人口达 15.38 万。随着二次改水高峰来临，多方面原因导致高邮饮水不安全人口有增无减。

水厂设计标准低，供水能力不足。全市农村水厂基本由地方政府或村级筹资兴建，"一口井、一间房、一个人"的现象十分普遍，受资金及技术条件的制约，水厂供水主要以集镇区生活用水为主，供水设计能力偏低。随着农村自来水普及率的提高、工业园区建设的加快，所有镇级水厂存在规划滞后的矛盾，废旧重建的问题十分突出，当时的临泽、汉留、卸甲、周巷、司徒、三垛等镇级水厂迫切需要扩建改造。

供水管网布局混乱，老化严重。全市当时有供水管网（村以上的干支管道）1642 千米，其中城市管网 108 千米，农村管网 1534 千米。农村水厂 10 多年前铺设的管网一般为水泥管、塑料管，部分为钢管，管网设计使用年限一般为 10—15 年。全市约有 55% 的乡镇供水管网进入报废期，管网狭小、老化，漏失率较大，供水压力达不到设计要求，不能满足生产生活需要，各乡镇内部管网的更新改造日益迫切。卸甲、八桥、临泽水厂管网老化，漏失严重，水厂也逐年投资改造管网，但管网战线长，投资大，水厂无法全部改造。同时出现水源供水能力不够的问题，送桥水厂曾在除夕夜连续发生两起清水库被抽空的现象，被迫停水两次。卸甲水厂 3 座，5 口井满负荷运转，供水量也满足不了群众用水的需求。在此情况下，全日制供水的农村水厂仅有 10 座，绝大部分农村水厂实行定时供水，供水时间为每昼夜 12—16 小时。

取水水源保证率低，供水安全隐患大。据统计，全市有 46 家（占四分之三）农村水厂共计 56 眼水井取用地下水。长期大量开采深井水，已造成地下水大幅度下降，静水位由 20 年前的 10 米左右，下降到现在的 20 多米，160 米至 180 米范围内的深井水水源面临枯竭，加上深井的使用寿命已到，地下水厂的水源问题无法保证。同时，由于里下河地表水受农业与生活面污染、工业废水的影响，枯水季节水质下降，地表水水质保证率不高。因此，大部分水厂没有地表取水水源，只有再凿深井救急，恶性开采。此外，绝大部分水厂水质检测与消毒设施配备不全，特别是村级水厂采取深井直供，长年不消毒。地表水厂缺乏应有的检测消毒技术和手段，同样存在水质不合格的安全隐患。

部分水厂供水资产闲置。高邮市自来水公司当时有水厂 2 座，均以大运河为水源，供水能力 9.5 万吨/日，其中二水厂建成于 1999 年，共投入 2500 多万元，设计供水能力 5 万吨/日。1997 年起，由于化工、造纸等用水工业企业关停并转，城市工业用水量下降，二水厂从建成之日起未正式投入运行。湖西菱塘新建集中地面水厂，以高邮湖优质的水为水源，2006 年 8 月份一期工程已经竣工投产，设计供水能力 1.5 万吨/日，实际供水 0.35 万吨/日，远没有达到设计要求。

财政投入扶持不足。2005 年底，农村改水扶持政策结束后，水厂改造以及管网更新投资较大，当时申报的农村饮水安全项目和区域供水项目的地方配套比例高达 50% 左右。地方财政承受能力有限，制约了二次改水的进程。

种种迹象表明，高邮供水安全受到了严重威胁，必须引起高度重视。

擘画蓝图，打响"第一枪"

2007 年 12 月 8 日，高邮市十三届人大一次会议作出《关于加快推进区域供水 保障人民群众饮水安全议案的决议》，提出用 5 年时间全面完成区域供水目标任务。高邮吹响了区域供水的号角。

2008 年元月 10 日，高邮市政府在水务局召开专题座谈会，深入研究，提出初步的工作思路。

2 月 2 日，市政府成立了以主要负责同志为组长、分管负责同志为副组长、相关单位主要负责人为成员的全市区域供水工作领导小组，负责工程实施中的行政推动、组织协调，及时研究和协调解决工程建设过程中出现的困难和问题。本月两次组织区域供水方案过堂会，详细听取有关意见，细化区域供水方案的基本

高邮东北片区域供水现场推进会

内容。2月28日，市政府第三次常务会议听取了市政府办公室负责人关于全市区域供水工作的专题汇报，并原则同意方案。

3月13日，组织区域供水方案对接会，与港邮公司就投资主体、资金渠道、分摊比例、时间进度、供水范围进行细致对接。

根据方案，提出了几个方面的目标要求：一是坚持城乡统筹、科学发展，合理规划区域供水布局，形成以城市水厂为龙头、乡镇重点水厂为骨干的供水体系；二是理顺供水经营体制，保障公益性的供水事业良性发展；三是加强饮用水水源地的整治保护，充分利用现有水厂的供水条件，强化供水安全管理，实现现有供水合格；四是多渠道筹集资金，加大改水投入，全面保障农村饮水安全。

结合水源条件、地势特点及经济发展水平，以高邮湖、大运河、三阳河为区域供水主水源。原计划设立7个集中水厂供水区域，后由市政府将区域供水划分为城郊片、湖西片和东北片。城郊片区，以城区2座水厂为供水点，分龙奔线、龙卸线、车逻线和马棚线向城郊8个乡镇（园区）40.2万人供水。湖西片区，以菱塘水厂为供水点，并与扬州邗江公道、仪征大仪主管道联网并网，向湖西4个镇9.11万人供水。东北片区以界首、司徒、临泽3座水厂为供水点，通过扩建水厂、铺设主管网向东北片10个乡镇33.2万人供水。

初步计划，高邮市2009年底实现城郊区域供水，2012年全面完成全市区域供水任务。

在方案中，明确了经营思路：一是构建新的供水工程体系。全市供水工程划分为主干管网工程和乡镇内部管网工程两类。主干管网工程包含主管网和增压站，由城市水厂或其他集中水厂铺设主管网到乡镇区划调整前的原行政区划乡镇水厂。主管网以下的属于乡镇内部管网工程，原有的村级小水厂可就近向原行政区划乡镇水厂联并，或直接接入供水主干网，通过设置计量总表实行分级管理。

主管网及增压站由城市水厂或其他集中水厂进行管理，负责供水水质达标及日常运行维护。总表以下的管网由乡镇负责管理维护。二是构建新的供水经营体制。以当时的行政区划乡镇为单位，成立供水经营公司，承担乡镇内部管网的运行维护、用户水费的收取、按总表计划向城市水厂或其他集中水厂

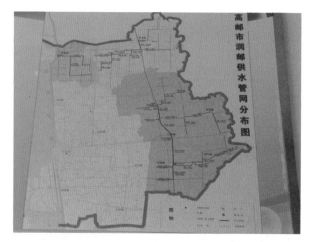

供水分布图

的缴费。实施区域供水后，水价分为总表计量批发价和到户水价，按听证、决策等法定程序核定，基本原则是考虑到城市水厂及其他集中水厂的投入、供水距离、原管网水价和群众的承受能力等因素，待条件及时机成熟时，逐步实行同网同价。原有的小水厂由所属乡镇通过资源整合、二次改制、联并撤并等方式进行妥善处理。

为了确保完成任务，方案排出了详细的年度实施计划。

2008 年，先启动实施城郊区域供水部分工程，完成城市水厂至龙虬镇、卸甲镇的管网铺设，并同步实施水利部批复的 2007 年度农村饮水安全工程。初步设想为：由高沙园沿头闸干渠到二沟大桥铺设 DN700 管网 15 千米，由二沟大桥向北至龙虬镇张轩水厂铺设 DN600 管网 9 千米，供应龙虬镇 4.33 万人；由二沟大桥至卸甲镇铺设 DN600 管网 13.5 千米，由黄渡大桥至龙奔水厂铺设 DN500 管网 5 千米，供应卸甲镇 6.78 万人。

2009 年，实施城郊区域供水部分工程和湖西地区区域供水工程。完成城市水厂到经济开发区、高邮镇的管网铺设。由凌波路向北至原东墩水厂铺设管网 DN500 管网 5 千米，供应经济开发区及工业园区 3.3 万人。由凌波路沿屏淮路向南至武安路铺设 DN600 管网 4.4 千米，由文游路至武安路铺设 DN600 管网 2 千米，供应原武安乡 1.94 万人。完成菱塘水厂至园区、天山镇、送桥镇的管网铺设。由菱塘水厂沿公路铺设管网 27.1 千米，其中 DN300 管网 7.2 千米，DN200 管网 11.8 千米，供应送桥镇、天山镇 4.6 千米。

2010 年，实施城郊供水工程扫尾工程。完成城市水厂至马棚镇、车逻镇、原

湖滨的管网铺设。由水厂向北至马棚镇水厂铺设 DN500 管网 12 千米，供应马棚镇 1.88 万人；由运河二桥至湖滨水厂铺设 DN300 管网 7 千米，供应原湖滨乡 0.7 万人；由海潮路至车逻水厂铺设 DN500 管网 7 千米，供应车逻镇 3.3 万人。

区域供水施工现场

2011 年，实施界首镇、汉留镇和临泽镇水厂的改扩主体工程。先期进行乡镇内部管网联并，建成界首镇、汉留镇日产各 1 万吨、临泽水厂日产 1.5 万吨的地面水厂，并向所属区域供水。

2012 年，实施司徒镇、三垛镇水厂的拟扩主体工程。先期进行乡镇内部管网联并，分别建成日产为 1 万吨和 1.5 万吨的地面水厂，并向所属区域供水。

2008 年下半年，龙奔线主干工程的实施，打响了扬州区域供水工程"第一枪"。

"八个到位"的"高邮模式"

高邮作为扬州率先启动区域供水工程的县市，为了规范运作，市政府提出了"组织领导到位、规划测算到位、宣传发动到位、矛盾协调到位、资金筹集到位、管网改造到位、水厂回购到位、接水经营到位"这"八个到位"的统一要求，所有工程都要围绕此抓推进、抓落实。

既是率先启动的县市，又提出了比较成熟的"八个到位"的"高邮模式"，自然引得扬州各县（市、区）纷纷前来参观学习，扬州市也在高邮召开区域供水工作现场推进会。

在"八个到位"的要求下，强化组织领导、出台文件、资金筹措、分区域分时间推进工程，同时高邮将区域供水工程与饮水安全工程同步规划建设，市乡两级分级承建，"一事一议"筹集资金，管网建设实现信息化。高邮市水务局副局长秦超自始至终参与全市的区域供水工作，对"高邮模式"有独到的理解，如数家珍。

为了确保工作推进，市政府专门成立区域供水工作领导机构，市政府主要领导亲自部署，分管领导一线指挥。提出"整体规划、分片实施、市镇联动、分级投入"的办法，在"政府主导、部门协调、社会参与"的要求下，强化行政推动，突出工作重点，加大督查指导，上下联动，多方筹资，全力推进区域供水工程建设。政府常务会议、行政推进会议、业务专题会议是政府推动工作的几个重要抓手，并由市人大、市政协、纪委开展督查、检查等活动，全力推进区域供水工作。配合工作要求，还签订目标责任状，制定考核奖励办法等措施落实工作责任。

"分区域、分年度"有计划地推进，这是高邮一个重要的战略举措。

城郊区域供水工程争取市港邮供水公司合作投资，于2008年11月20日签订投资合作协议，并迅速启动实施。2008年完成了龙奔线主干工程，2009年完成了龙卸线主干工程，2010年完成了车逻线和马棚线主干工程。其间，各乡镇同步推进实施了乡镇内部管网改造。城郊区域供水工程于2010年底全部完成。湖西区域供水工程争取了扬州市自来水公司合作投资，于2010年3月19日签订投资合作协议，2010年12月底主干工程建设，并通水到乡镇。东北片区域供水工程由市政府投资主干工程，乡镇实施内部管网工程，于2011年5月启动实施。2011年12月底完成主工程建设。乡镇到户管网改造工程于2012年10月底完成。据统计，高邮市区域供水共投入5.2245亿元，铺设主管网194.74千米，次干管网141.12千米，改造内部管网5049千米，扩建界首、临泽、司徒3座水厂，新增供水能力4.5万吨/日，新建增压站7座。

市乡同步实施是高邮最重要的创新举措之一。

高邮区域供水工程分市乡两级工程投入并建设。市政府负责主水厂扩建、增压站兴建以及到原建制乡镇水厂的主管网铺设，负责将水送到乡镇。乡镇负责改造内部管网、回收并关闭镇村水厂，负责将水送到各家各户。主干工程建设由市水利局专门成立工程建设处，严格按项目建设程序，落实项目法人制、招投标制度、合同制、监理制，各乡镇和部门紧密配合，协调矛盾，保证工程顺利实施。乡镇按市政府统一的"八个到位"要求，为确保乡镇改造质量，所有材料由市统一组织招标，施工标准和质量由市统一指导，由镇统一进行管理。

"主干网、支网同步规划，乡镇规划统一审核，材料统一招标，这就杜绝了浪费。"时任改水办副主任李敏介绍说。

筹措资金是块难啃的"硬骨头"

资金是工程实施的关键，也是最头疼的问题。

为了邀请港邮公司入股，李敏他们先后花了近一年时间，多次到公司的总部所在地深圳与对方洽谈。双方共同探讨如何共同投资，共享受益。

为了解决资金难题，高邮市组织水利等相关部门认真开展区域供水调研，制定了《关于发展区域供水 保障饮水安全的实施方案》，明确了分区域规划、分年度实施、分市乡两级投资、集中统一管理的基本思路。该方案于2008年2月28日由市政府第三次政府常务会议研究通过。2008年8月27日，市政府制定了《关于加快推进农村饮水安全工作的意见》，明确了区域供水的基本任务、资金筹集办法。提出市政府负责主干工程的建设与投资；乡镇负责内部管网的改造，通过"受益农户收一点、一事一议筹一点、单位个人捐一点、乡镇财政拿一点"的办法来筹集资金。

以2011年为例，区域供水完成总投资约2.23亿元，其中主干工程投入约8500万元，饮水安全工程投入4077万元（省级以上补助2695万元、市乡配套工程1305万元）乡镇改造投入10300万元（以各村一事一议筹资为主）。

市级工程资金的筹集主要是采取"供水企业合作投资、供水主管部门承贷、财政切块资金逐年投入、项目争取扶持"等办法。乡镇改

实验室内景

造资金的筹集主要由乡镇组织发动，采取"机关企事业单位捐资、成功人士赞助、村一事一议筹集、乡镇财政补贴"等办法。

乡镇"一事一议"向村民集资的宣传标语

乡镇筹集资金制定了统一的规程：一是制定改造方案。由乡镇组织人员，依据区域供水主管网的规划布局，打破原有小水厂的格局，对老化的管网进行统一规划，并测算改造投入，制定详细的方案。二是制定筹资方案。根据改造方案，将所需资金进行测算分解，制定详细筹集方案，单位捐资部门由乡镇统筹，各村筹集部门由各村统筹。三是落实"一事一议"筹集程序。各村印发区域供水宣传单至各家各户，广泛宣传区域供水的意义、改造筹资的办法，争取社会广泛理解和支持。同时，各村召开村民代表大会，将各村的筹资标准进行讨论研究，以"一事一议"的形式进行落实，并在村进行公示。

各村"一事一议"筹集的改水资金，统一解缴到乡镇农经站设立的各村专户，实行专款专用。为强化供水管道的质量管理，各村所购管材及配件由市统一组织招标，落实管材供应厂家，统一标准质量，统一采购价格，统一售后服务。同时，市统一组织随机抽样送检，各村所购的闸阀水表由乡镇统一把关标准质量，专业安装队伍由乡镇统一组织，沟槽开挖由各村组负责实施，乡镇落实人员跟踪施工质量。工程结束后，各村所用的资金，由乡镇统一组织审计，并进行公示。工程实施和筹资明细，镇政府有资料可查。因各乡镇村组经济条件不同，人口不等，村庄布局不同，所以各村、镇集资标准都不同。

在资金筹集中，高邮的资金共来自五个方面：

争取上级补助资金。通过申报农村饮水安全项目、区域供水中央国债项目、省以奖代补项目等，获补助资金8405万元。

政府投入。市政府2011年第三十五次常务会议专题研究落实区域供水建设资金，明确财政连续6年安排区域供水专项切块资金，用于主干工程建设和银行贷款本息偿还。

部门融资借贷。水利局通过各种信贷途径，先后向建行、农发行、工行申请贷款 1.23 亿元，以保障主干工程顺利实施。

社会筹资。各乡镇采取"财政挤一点、社会捐一点、群众筹一点"的办法，动员社会力量出资出劳，乡镇累计筹资 21860 万元。

企业合作投资。城郊片争取港邮公司投资 2160 万元，湖西片区争取扬州自来水公司投资 6900 万元。

通过以上办法，高邮市累计完成区域供水投资 5.2245 亿元，其中主干工程投资 2.059 亿元、饮水安全工程投入 1.08 亿元、乡镇内部投入 1.375 亿元、水厂回购投入 0.715 亿元。

筹集资金，是"高邮模式"的精彩一页。

保工期 保进度 保质量

虽然规划明确了，方案敲定了，责任落实了，但最难的还是在具体工作中。

管道铺设会遇到各种矛盾。主管道需从公路沿线经过或穿过公路时，公路管理处不同意，就请市长来协调；农村支线铺设影响到农民的农田、猪圈、围墙、厕所等是常事，此时既要适当补偿，又要请镇长、村支书、小队长等出面做工作。

"那时我们早晨六七点就出门，晚上七八点才回家，夏天晚上还要施工，一般是白天施工，晚上处理矛盾。"李敏回想过去为了调解各种施工中的矛盾，真有点不堪回首。

东北片区是 2011 年 5 月动工，要求半年内结束，同时举行高邮市区域供水通水仪式。

当时的工程量涉及到 3 座水厂扩建、87 千米主管道铺设、新建两座增压站，总投资达 8000 多万元。

润邮供水公司副总嵇朝阳全程参与了东北片区的工程建设。他说，整个工程分两个标段，一是水厂建设，一是管网施工。

东北片区区域供水工程建设督查推进会

为了确保工期，他们倒排时间，同时排人员，排机械设备，排施工材料。据悉，水厂工艺机械有上百种设备要安装，正常情况下需要一年才能完成。但他们施工不分昼夜，施工人员相互借，确保了工程的完成。

施工过程中，需要不断协调各种矛盾。除了市领导小组负责面上的矛盾，市领导会在每1—2个月组织召开领导小组会议。遇到具体矛盾，紧急的重大的矛盾由市领导直接协调，乡镇的矛盾由镇、村负责人做工作。市里还成立了建设处，随时处理各种矛盾。

市里还强化了督查。扬州市相关部门定期督查，并要求每月及时上报信息。高邮市每天督查，上报进度。高邮市政府还多次召开现场推进会。

2011年5月16日，高邮市东北片区区域供水现场推进会召开，参观工程现场，交流工作经验，副市长孙建年在会上提出了"人才联动、市乡互动、干群齐动、抓紧快动"的"四动"具体要求，为大家提升、总结了工作方法，有力地推动了工程实施。推进会后，先后遭遇农忙、梅雨、高温等多重考验，其中农忙加梅雨即达50天。在此情况下，施工队伍因地制宜，合理穿插，在保证质量、安全的前提下抢抓进度。主要工程在高温过后都完成了一大半任务。在8月10日，高邮市政府再次召开东北片区区域供水工程建设督查推进会，确保11月底完成工程建设任务。

区域供水不仅要保证工程施工质量，对已经实现区域供水的还有服务质量问题。

十里村原属卸甲镇，2008年区划调整后归高邮镇管辖。该村由绿洋、曹家、十里3个自然村组成，共有村民1054户4200人。绿洋自然村246户1100人由黄渡水厂深井供水；十里和曹家两个自然村808户3100人由龙奔水厂深井供水，属龙奔水厂的供水尾部。因管网老化，水压低，近三分之一的用户用不上自来水，群众怨言很大，拒交水费达200多户，群众还多次到卸甲镇政府上访，要求吃上"既卫生又方便"的自来水。城郊区域供水龙奔线工程施工期间，龙奔水厂停止向十里和曹家两个自然村供水达十多天。2008年12月5日，高邮镇政府明确曹家、十里两个自然村的供水经营交由黄渡水厂接管，808户村民全部接上城区自来水。

十里村接上城区自来水后，安装了三只水表，分别对每个自然村的用水进行计量。第一次试供水，原由龙奔水厂供水的两个自然村，一天24小时水表计量达1300多吨，黄渡水厂负责人发现漏损很大，无法进行区域供水经营，并从接水后第四天起，采取每天供水16小时来减亏。当时每天水表计量为900吨，根据管理经验，808户3100人的消费回收量平均每天约为270吨，漏损量占70%。由此测算，十里和曹家两个自然村的每月水费亏损达1.5万元，还不包括人员工资。由于管网漏水严重，尾部水压低，仍然出现用水困难问题，群众意见不断。因此十里村区域供水经营出现困境，黄渡水厂不愿接管，十里村也无力支付水费亏损。

针对出现的新情况，高邮镇政府迅速组建水经营公司。一是派人测水压、查漏洞。经过20多天的努力，共查修漏水点140多处。二是整改用户水表抓回收。水厂对每户用水情况进行检查抄表登记，发现有无表户130多户，表外接水户230多户，水表失灵户150多户。加上过去按3吨基数缴费，管理粗放，计量收费不到位，少数人用自来水浇菜、冲猪圈。为此镇政府落实村组，每户收150元，由黄渡水厂将所有用户进行水表出户，更换水表、闸阀、进户管道等，春节前实现了24小时供水。

目前两个自然村的日用水量由原来的900吨下降到330吨，水费回收量为230吨左右，回收率提高到了70%。十里村的供水走上了良性循环之路。

水厂回购中"我被逼打架了"

"小水厂回购矛盾最大。"谈及区域供水中的主要矛盾，秦超几乎脱口而出。

水厂原先作为国有资产改制给个人后，现在回购，要获得双方认可的价格，需要经历相当细致的沟通，相当艰苦的谈判。龙奔水厂、郭集水厂、甘垛水厂、临泽水厂、汉留水厂等等，在回购过程中的艰辛程度至今让工作人员记忆犹新。

对小水厂的回购，工作人员有的是先请评估公司评估；有的是请政府职能部门对水厂查账、验资；对在政府作出重大让步后还漫天要价的就请公检法部门配合，准备强制接管，龙奔水厂就是在接管的最后一刻双方又回到谈判桌上达成协议的；有的找亲戚朋友做小水厂老板思想工作；还有在新管网铺通后，小水厂拒绝衔接的，工作人员只能动员村组群众拒交水费，倒逼小水厂坐下来谈判。总之是想方设法，千方百计。

对回购小水厂过程中的酸甜苦辣，最有发言权的是现任润邮自来水公司下属甘垛经营部的负责人黄跃进。

在区域供水前，甘垛镇由平胜水厂服务供水，横泾水厂服务横泾镇，这两家水厂也是合并了村水厂而来。在合并村水厂过程中，他们也吃了很多苦，贴了不少钱。为了确保他们的利益，当时明确要给他们经营30年时间。

为了确保 2012 年 8 月底全市所有小水厂关闭，2011 年黄跃进介入了这两个小水厂的回购工作。

为了确保公平合理，先找来了评估公司对资产进行了评估。

但评估结果出来后，在对自来水厂厂内、厂外的设施设备投资评估上，对外部管道的投资规模、占比上，小水厂不认可，认为评估少

管道施工

了。而外部管道的投资主体有村、水厂、居民、政府四块，水厂投资的比例不能完全界定。经过沟通，第二次水厂对评估方案基本认可了。但第三次沟通时，水厂提出分两步走，即先算水厂内的，水厂外的资产评估、分配放在后面慢慢算。

问题的焦点在于，对于水厂以外的投资补偿部分，双方分歧较大，水厂的补偿要价与政府的出价误差大的达到上百万元，这让乡镇党委政府很为难。面对高邮市区域供水时间表，面对责任状，乡镇党委政府焦头烂额，多次开会研讨，费尽心机，甚至提出，不能丧失原则无限让步，关键时刻必须有人充当"炮灰"，与小水厂撕破脸来谈。为了确保工作不受延误，上级充分授权给黄跃进，在合理范围内，由他直接做主。

横泾镇区域供水于 2011 年开始实施，2013 年 8 月，是市政府确定的横泾镇区域供水时间，但 2013 年 7 月，横泾水厂还坚持强行供水，不接受回购改造。为了与政府叫板，7 月份，横泾水厂将整个横泾镇的水停供，这让一些需要全天供水的企业叫苦连天。情况反映到镇政府，镇政府只得让企业报案，公安部门介入，对水厂负责人提出要么接受回购，要么刑事拘留。在此情况下，横泾水厂不得不接受了回购。

"我被迫跟甘垛水厂一个股东打了一架。"回想那时的情形，黄跃进透露的是攻克小水厂的困难、无奈，甚至有一种悲壮。

时间定格于 2014 年 6 月份。此时高邮的区域供水大部分早已结束近两年，但还有甘垛水厂为了跟政府叫板，仍在坚持供水。因设施设备落后，该水厂每天

的渗漏率达到 300 吨以上，处于严重亏损状态。

镇政府一边推动水厂外围改造，一边派回购小组继续谈判，甘垛水厂一股东叫嚣着谁敢动就打谁。面对水厂的强横，黄跃进就打电话报警，但警方也无法处理。

6 月 20 多号了，距离主管道改造竣工要求的时间越来越近。镇党委书记下达死命令，必须攻克这座"堡垒"。

为了完成任务，镇领导、派出所干警一起陪着黄跃进来到现场，水厂股东真与黄跃进打架，黄跃进被迫应战。但水厂负责人看到打架也不能让乡政府改变态度，只好作罢，同意各让一步，继续谈判解决。

至此，高邮水厂回购中的最后一颗"钉子"终于被拔除。

小水厂老板谈今昔

昔日的小水厂被回购后，职工如有被安置在现有水厂工作的，他们如何看待过去的小水厂与现在区域供水下的大水厂？带着这样的疑问，记者试图找到这样的采访对象。在高邮润邮供水公司，果真有这样一位人物，那就是司徒水厂总经理助理翟永德。

夏日的下午，在司徒水厂会议室，强烈的阳光斜照在会议室白色墙壁上，映得满屋生辉。五十几岁的翟永德可能是高血压的原因，脸上本就熠熠发着红光，这下更红了。开始记者还以为由于此话题比较尴尬让他难堪，才使他面红耳赤。但他快人快语的风格，让记者的疑虑顿时荡然无存。

1995 年，周巷镇供销社投资建立了一家自来水厂，翟永德开始在里面工作。在当时的周巷镇，一共有 3 个水厂，他所在的水厂规模最大，能服务 7000 多户一万多人口。2000 年水厂改制了，他带领几个人买下了水厂。2011 年，水厂被政府收购，他来到专门经营供水的镇工业经营公司工作，2014 年 10 月，他来到润邮公司上班。

谈及自己过去的水厂跟今天的司徒水厂的差别，翟永德坦言，虽然自己的水厂跟其他水厂比较起来虽然做得较好，比如其他水厂一般定时供水，而他们 24 小时

司徒水厂厂区全貌

供水；其他水厂一般直供，不消毒，但他们都要消毒，每天还检测水源一次。然而与现有水厂比，差距就大了。

"我们过去检测的方法就是手摇眼看。"翟永德对以前水厂的检测水平落后、简单感到遗憾。

昔日周巷水厂采用深井供水，往往因氧化钙含量高导致硬度超标，在消毒时一般用乙氯，这种药危险性大。后来改用二氧化氯，这容易导致饮水的人产生结石。加上国家不允许过度开采地下水，这是周巷水厂关闭的最终原因。

"现在的水厂检测手段、管理制度比小水厂都明显丰富、严格得多。"翟永德介绍，司徒水厂专门成立了检测中心，购买仪器、设备的费用高达上百万元，通过高科技检测42项指标。他由衷感叹："小水厂与大水厂在经营规模、管理制度上有本质的区别！"

在水厂为居民服务上，现在的居民用一吨算一吨，极为便利。而过去的小水厂往往采取按基数收费，有的基数定为每月、每年多少吨，还有的按每月10元钱作基数。翟永德坦言，小水厂这样做都是为了确保水厂的收益。

水源保护敢于动真碰硬

2008年1月19日，江苏省第十届人民代表大会常务委员会第三十五次会议通过了《江苏省人民代表大会常务委员会关于加强饮用水源地保护的决定》，自2008年3月22日起施行。为贯彻《决定》，自此，高邮由市政府协调环保部门、水务部门配合，对饮用水源地不符合规定的设施和排污口进行清理。

"高邮市政府已经连续三四年就水源地保护发文了。"高邮市水务局给排水科科长郭俊宏介绍说。

根据规定，高邮市对水源地上下游各一千米的范围内实行一级保护。发现违规，立即清理。

在高邮城区一二水厂水源地附近，过去全是砂石码头，还有船厂、海事码头、餐饮船等，近年来全部进行拆除、迁移。在运河东堤还进行整治，建设了观光带。

司徒水厂水源地旁边曾有三处影响水源，一是砂石厂，另有一户有两艘船，或用船收垃圾，或在水边养鸡、鸭、鹅，严重影响水源安全。为此，水厂专门成立工作组，前后花费六七万元，才将这些问题解决。

在界首水源地附近，有一艘船，上面生活着一位80岁的老人和一个痴呆儿子，

司徒水厂饮用水取水口 1

司徒水厂饮用水取水口 2

简单叫他们搬迁，他们无处可去。为此，润邮供水公司请当地镇上房管所协助，帮他们租了一处房子，并交了水电费，老人和儿子才得以上岸居住，船才能被拉走。

在水源地，树立了警示牌，设立了防护设施。对一些重大的问题，还由权威部门直接介入。

三阳河是司徒水厂、临泽水厂的水源地，但有被农业污染的危险。到了冬天，由于水小，危险系数加大。作为南水北调的输水河道，三阳河是国家级控制的水质段面，但这种污染控制一直很难解决。此事引起高邮市人大常委会的重视，他们提出"一号建议"，要求对东北片区水质适度处理。

高邮市水务局已将市人大建议送交专家评审，上报市政府实施。根据方案，高邮市今年对城区水源地进行整治，明年对东北片区的水源地实施提升提质工程。主要做法：一是将水源调到大运河，通过输水管道输送水厂；二是扩容司徒水厂，将水厂日供水能力由 3.5 万吨提升至 6 万吨，将临泽水厂停用，从而将三阳河作为备用水源。在这样的情况下对司徒水厂进行深度改造，总投资需 1.9 亿元，预计 2018 年底完成。

自 2008 年以来，高邮市历时 3 年，完成了城市水厂取水口水源地综合整治任务。通过多部门联动执法，搬迁了轮船码头 1 座，迁移了 13 只水上餐饮船，清除了 15 个砂石经营户 5 万多吨砂石，废除了船舶油水回收站 1 座。结合运河"三改二"工程，对一级保护区岸边进行综合整治，砌筑护岸，建设运河风光带，水源地面貌焕然一新。在取水口附近安装了安全隔离屏、隔离栏，按保护要求设置了取水口标志 4 块、水源地保护区界牌 7 块、交通警示牌 15 块、保护宣传牌 2 块。此外，组织水利、环保、交通、海事等部门开展水上及岸边日常巡查，巩固水源地整治成果。

（编写：吴年华）

荷藕之乡荡清涟

——宝应县区域供水纪实

石泰峰、谢正义等省、市领导视察曹南增压站

　　2012年9月14日，在宝应曹南增压站，时任江苏省委副书记、现任江苏省省长石泰峰同志仔细查看了加压站自动化监控系统，并听取宝应县区域供水工程建设情况介绍。听说宝应克服困难，提前完成区域供水工程建设任务，农村居民都喝上了干净安全的自来水，他十分高兴。石泰峰强调，政府就是要切实减轻农民负担，为群众办实事、解难题，让他们过上幸福生活，同时他还希望宝应县不断提升村民生活环境水平，努力建设美好新农村。

宝应县启动区域供水

这是省委领导的殷切关怀，也是对宝应这座荷藕之乡的美好嘱托和期望。

宝应县地处淮河下游，里下河平原腹部，现有 14 个镇及 1 个开发区，225 个行政村，总人口 90 多万人，其中农业人口 70 多万人。从上个世纪 80 年代初，宝应县农村改水工作开始起步，先后建成农村水厂 192 座，解决了部分群众的饮水问题，但农村偏远地区的农民依旧直接饮用河、沟、塘水，或者饮用压把式浅水井打出来的回笼水。近年来，随着城市化、工业化步伐不断推进，地表水及浅层地下水污染日趋严重，加之农村小水厂设备简陋、检测和消毒设施缺乏等因素，水质不符合国家生活饮用水卫生标准。

为让全县农民饮用上干净卫生的自来水，2009 年 6 月开始，宝应县大力实施区域供水工程，历时 3 年，投入资金近 10 亿元，扩建宝应水厂，新建潼河水厂，日供水能力达 11.5 吨，新建主管网增压站 4 座，铺设县到镇主管网 213 千米，新建改造镇村管网 6200 多千米，回购、关停小水厂 192 座，15 个镇区实现区域供水全覆盖，彻底解决全县 72 万农村居民的饮水不安全问题。

实施一张网，突破关键环节

由于宝应县河网密布，地形复杂，区域供水工程面临着铺设管线长、施工矛盾多、资金压力大等诸多困难。宝应县围绕重点难题，逐一化解突破。

关键一 资金难筹措——"老教师都给省长写信了"

为保障工程顺利实施，宝应县立足自身，积极破解资金瓶颈。工程累计投入 9.18 亿元，其中，县财政每年安排 2000 万元用于供水主管道建设，并投入 3000 万元建设潼河水厂；组建县兴水水务投资有限公司，向建行贷款 1.5 亿元；分别争取农村饮水安全项目上级补助 7163 万元和区域供水各类补助 6854 万元；城区水厂扩建一期工程招商引资 3200 万元；镇村管网改造及小水厂回购自筹 4.5 亿元。

项目区范围内的各镇妥善运用"一事一议"，深入宣传发动，积极筹措工程建设资金，其中山阳镇率先完成 1100 万元的资金筹集任务，有力推动了项目建设。

2011年，宝应县曹甸镇筹措资金2100多万元实施区域供水工程，该工程总长度近50千米，涉及到曹甸镇15条农村公路的交通安全。宝应县水务局副局长罗健介绍说："资金筹集在当时非常困难，可以说在扬州各个县市区里应该是最难的一个。当时我们县财政比较紧张，靠县财政拨款难度很大。

2011年7月8日，宝应县召开区域供水工作推进会。

另外一些村民怀有负面情绪，不愿出钱出力。"潼河水务有限公司董事长潘树荣也介绍道："那时候资金是真困难，压力非常大，数个亿的资金筹集，现在想来也觉得不大可能。可是领导们还是集思广益想出对策，多种方式获取资金，保证了整个区域供水的实施。"

在宝应广大乡镇中，向农民筹集资金是解决资金困难的有效办法，但是存在一些村民认识不足、缴费不积极的问题。夏集镇在筹资过程中，集思广益，采用多种方法动员全镇上下群众，比如通过《致广大农民的一封信》来宣传区域供水，从而调动农民的积极性。但还有重重困难，据夏集镇相关负责同志介绍，当地有位老先生，曾做过乡村小学的老师，受一些不明事理的群众挑唆，写了一封给时任江苏省省长李学勇的举报信，洋洋洒洒数千言，"痛陈"乡镇政府筹资之弊。"老教师都给省长写信了，你说这事情闹得多严重，可是这个老教师不了解情况，不了解我们筹措资金的方法和政策。"而这封信也引起了省市领导的重视，省领导要求妥善处理此事，扬州市农委两位处长下乡了解情况。在得到夏集镇合理合法合规的解释后，打消了疑虑。没有资金的支撑是不可能完成如此浩大的工程，这一难题的解决也为宝应的区域供水提供了最牢靠的保障。

关键二 水源地保护——"头等大事"

"水源地保护是我们工作的重中之重，这是头等大事。从实施区域供水以来，我们就坚持以高标准、严要求来做好此项工作，同时还整治了一批可能污染水源的工厂和作坊，确保这水源地的水干净、好喝。"宝应县水务局的相关工作人员介绍道。宝应县坚持把加强水源地保护、强化监测作为区域供水的重要工作来抓，建管并重，确保源水安全。

一是大力开展城区饮用水源地专项整治。县城区自来水厂位于京杭运河东堤临城段。为解决饮用水源地保护区范围内存在的各类码头、经营场所等安全隐患，保证取水口安全，宝应县开展了声势浩大的综合整治行动。2009 年全面完成一级保护区内的整治任务，共拆除包括危险化学品仓库、复合肥厂码头等在内的 28 个建筑物和码头；2010 年后，完成二级保护区内运河二桥向北 22 个砂石码头的整治工作，以及抓紧开展二桥以南二级保护区的整治工作。

二是切实加强水源地长效管护。在加大水源执法巡查力度、及时发现和取缔水源保护区域内各类违章行为的基础上，稳步推进运河风光带建设。现已建成京杭运河城区段 20 千米驳岸，建成运河二桥、船闸河心岛两处绿化景观，在水源保护区范围外建设运河建材物流中心，推进集中经营。

三是不断完善动态监管体系。县水务部门、环保部门和县自来水厂建立取水口水质在线数据采集系统，对水源水质实行 24 小时在线监控，实现水务、环保、水公司水质数据共享。县自来水公司强化对水源水、沉淀水、滤后水、出厂水加密检测，确保"不合格的水不出厂，不达标的水不进管网"。据宝应水务局介绍，现如今宝应粤海水厂三级化验室能够检测 59 项数据，潼河水厂能检测 42 项数据，且都有专业的人才和设备支撑，可以确保老百姓喝上健康的饮用水。

关键三 回购小水厂——"不辱使命"打好攻坚战

宝应共有镇村小水厂 192 座，其中私营小水厂 76 座，于 2012 年年底关停全部小水厂。为确保实现水到井封，各乡镇超前谋划，积极落实回购资金，累计投入达 3800 万元，完成 76 座私有小水厂的回购工作。对所有小水厂确保做到区域供水实施到哪里，小水厂就及时关停。而在各个乡镇所列责任状中，明确了各自在小水厂回购中的责任和义务。各个乡镇负责本地区的小水厂回购，需要讲求方式方法，做到合理合法。

杨桂才，现任潼河水厂总经理，原先和三位好友承包了夏集水厂，作为当事人的他谈到当初水厂被收购时的情形，感慨良深。"我那个水厂是在 2011 年被回购的，因为不是我个人所有，所以在回购时还发生了一些矛盾。有股东反对被回购，认为政府给的钱太少，而这个水厂是个人的，肯定是想多赚一些。我从中也做工作，可是也不起什么作用。"杨总还表示，他本人是支持水厂被回购的，其一管网老化严重，年年投入也比较大，费神又费力；其二因为水质、水压等问题的存在，经常有村民来兴师问罪，让他不堪其扰，自己年纪也大了，只想安稳些。而最终夏集水厂在 2011 年以 210 万的价格收购，杨总也终于松了口气。

负责夏集水厂收购的是现任夏集镇副镇长的礼建中，在他手上处理了多个小水厂的回购，经验非常丰富。礼镇长有自己的一套思路和方法，故而回购小水厂时就相对轻松一些。"我是本着先易后难和公平公正的原则来处理这项工作的。首先需要甄别这个小水厂回购的难易程度，将一些较容易谈下来的水厂处理好之后，集中精力、准备充足来攻下难点。比如说子婴河的两个水厂就是一个这次工作的最大难点，两个厂长一个是水务站站长，一个是隔壁乡镇的供电所所长，可以说都是有些'关系'的人。我当初就找与他们交往较好的朋友、亲人，通过这些人来做工作，同时分别登门拜访，跟他们讲述其他小水厂的收购价格、市里的文件精神和政策等情况，让他们知道自己水厂的现实情况。同时我还会在私底下找评估公司进行评估，这样在心里就有个底。经过为时数月的多次谈判协商，最后他们也同意了乡镇的收购计划，以低于我们预期的价格接受了回购。"夏集的四座小水厂在礼镇长的多方协调下被成功收购，没有发生一些水厂回购中不和谐的情况，用礼镇长的话讲就是"不辱使命"。这四个字说出来很简单，但是宝应所有的乡镇做到了，这是一份卓越的力量，足以完成更难的任务，足以创造更大的辉煌。

宝应县增压站内景

关键四 筑牢"两个堡垒"——水厂和增压站

为确保区域供水实施后，供水量和供水水压正常运行，宝应县实施了县城自来水厂的扩建，投入 3500 万元，将日供水能力从 5 万吨提高到 9 万吨，满足周边镇区的供水需求；县政府投入 3800 万元新建夏集潼河水厂，规划日供水能力 5 万吨，一期 2.5 万吨，满足宝应县南部片区乡镇的供水需要。

城区水厂扩建一期工程 2010 年底开工，2011 年 8 月建成试运行，12 月通过县竣工验收，日供水能力从 5 万吨提高到 9 万吨，满足了城区和已通水乡镇的水量、水压需要。承担宝应县南片夏集、氾水、广洋湖等 6 个镇的潼河水厂 2011 年 5 月开工建设，2012 年 5 月 20 日正式通水运行，不仅新增日供水能力 2.5 万吨，且又为宝应县新增了一处备用水源，在出现原水污染等紧急情况下，可与城区水厂实现原水互为备用。潼河水厂在建设过程中，因要征用农民耕地，当地个别农民不

宝应县主管网改造

理会政府的合法征地需要，强烈反对 3 万元 / 亩的征地费用，而要价 5 万，在当时影响了水厂的建设进度，后在村领导的多次沟通协调下，同意了 3 万元 / 亩的征地费用，并对自己当初的行为表示了歉意。

为保证偏远地区的供水水压，宝应县共设 4 个增压站，即泾河镇虹桥增压站、曹甸镇曹南增压站、望直港镇牌楼增压站和鲁垛增压站，工程总投资 1090.7 万元。宝应县在增压站选址时的主要考量有三个方面：一是根据宝应区域供水规划要求，可是在实际施工过程中也出现了一些变化；二是区域供水的最不利点，即管网供压最弱点，通过增压站来增加水压；三是方便施工的地点，以便大型设备进场。潘总说："增压站的选址是个麻烦事，不能靠近国省干线，需在其 25 米开外的地方。此外征地手续也很繁琐，分别位于四个乡镇的增压站征地手续须有环评、地质灾害评价等审批，极其繁多，那时候也是跑了大半个宝应了。"

关键五 "分段施压"与"整段施压"的双管齐下

宝应在区域供水过程前不断完善对全县管网建设和改造的规划，在实施过程中根据实地情况加以修改。整个区域供水过程中，宝应累计完成镇到村、村到户管网改造 6000 多千米，宝应城区主管网长 230 千米，已全部改造完成，全县 15 个镇区实现全部或部分并网供水。

宝应是基本上把水管全换了，而正因为如此，扬州市领导着重表扬过宝应，赞扬宝应能够下大力气、花大价钱造福民生，实属不易。宝应建设改造的主管网口径最大为 800 毫米，最小为 300 毫米，镇村管网口径多为 32 毫米、25 毫米。据宝应水务部门工作人员介绍，宝应区域供水管网材质大多为球墨铸铁、PE 材料，过河道的主管网用的是钢管。

管网铺设大多沿公路、乡镇道路、河堤、田垄来铺设，而在铺设过程中不免经过高速，而办理相关手续则花费了 8 个月有余，而管网经过高速时，施工要求较高，既要保证安全，也要保证高速公路扩建改造。管网铺设的过程中，大量路线需要经过农村，而这就需要当地乡镇工作组和村干部的协调。比如射阳湖线、山阳线就因为镇领导亲自做工作，才保证了工期的按时完成。而在柳堡镇，有一次因为管道过河时，施工器械将泥土溅起飞入围观村民眼中，这个村民便将施工方告到法院，一度延缓了工程进度，最终还是镇、村干部及施工方等多方协调妥善解决，才保证了工程的顺畅。柳堡镇还通过发放"荣誉证"，鼓励村民带头支持区域供水，形成榜样模范效应。在农村中还存在一些支管网经过农民住房、猪圈的情况，施工人员就通过找这些用户的亲戚朋友，来宣传区域供水的好处，或者尽所能帮助农户解决家庭困难，来保证支管网的建设改造。在管网改造施工过程中，通过"分段施压""整段施压"等手段，保证管网施工质量，同时也是在抓进度。采用点面结合法，保证进度。在完成一条管网铺设后，即刻验收。可喜的是，在整个主管网建设改造中没有出现任何问题。

关键六 机制创新——让老百姓用水舒心

宝应各乡镇不断创新运行机制，成立独立的供水公司，县自来水厂和潼河水厂到镇挂总表，计量收费，镇以下的管理收费由各镇供水公司负责。实行抄表到户，同时建立健全十项管理制度，确保区域供水工程长久发挥效益。为保障区域供水工程的优质、可持续发展，宝应县积极探索，大胆创新，运用市场经济手段，建立灵活有效的供水运营机制。

一是实行趸售供水。按照水到井封的原则，及时关停全县192座镇村小水厂，15个镇区除安宜镇和开发区纳入城区管理外，其余各镇到镇水厂挂总表，计量收费，镇以下的管理收费由各地成立自来水服务公司负责。并积极与税务部门沟通，落实税收优惠政策。

二是合理核定水价。县物价部门及时进行水价核定及听证，确定县到镇的水价为每吨1.3元，镇到农户水价为每吨2.4元，到企事业单位和工商业用水户水价为每吨2.9元，盈余部分用于镇自来水公司管理运行及管网维护。同时，为促进宝应县各地污水处理事业的发展，对全县各地企事业单位和工商业用水户征收污水处理费，征收标准为0.2元/吨。

三是健全运营机制。各镇自来水公司按照"市场化运作、企业化经营、规范化管理"的要求，根据自身实际，通过竞争上岗、择优聘用、定期考核等方式，把职工收入与岗位责任、工作绩效进行挂钩，不断增强职工责任意识，在确保安全供水的基础上，不断提高管理水平和服务质量。

"水干净了，水价还不贵，以前老担心这水会不会贵很多，现在看来我们老百姓是可以接受的，这是政府为了我们着想，让我们享福啊。"安宜镇的王大爷如是说。

绷紧一根弦，狠抓建设监管

区域供水工程是一项民生工程，宝应县各职能部门对工程建设进行了一系列的监管，严格执行工程管理的每一道程序，把好工程建设的每一道关口，县监察部门多次深入工程一线开展工程建设督查，县纪委专门成立了区域供水工程效能监察工作组，主动到现场开展管材抽检，累计抽查管材70多批次，保证管材质量。县财政、审计部门深入工程一线、镇村一线，加强对工程资金使用的监管审计。县卫生部门按照检测覆盖率100%的要求，定期对宝应全县集中式供水单位开展出水水质监测及末梢水检测，确保水质达标率100%。

在工程建设过程中，项目建设处在督促施工单位上供足人力、物力，狠抓工程进度的同时，严格执行项目法人制、合同管理制和工程监理制，及时做好工程质量抽检和隐蔽工程质检工作，对发现的问题及时督促整改，确保工程质量100%合格。同时项目建设处严格按照"专户存储，封闭运行"的要求，建立健全资金使用管理制度，设立工程财务管理机构，专款专用，防止人为挤占、截留、挪用、置换现象发生，对工程建设资金的支付，按照程序进行审批，保证工程资金安全。

宝应水务局建设处管理人员说道："在建设过程中，我们始终绷紧工程质量和规范建设这根弦，对进场施工材料进行统一检测，累计抽查管材70多批次，对工程进度慢、工程质量不达标等违反合同的行为坚决予以责任追究。"

全局一盘棋，强化协作配合

为加强工程领导，加快工程建设进度，宝应县政府研究制定《关于实施农村饮水安全（区域供水）工程的意见》和实施方案，与各镇签订目标责任状，分解任务，落实责任。同时组建了由县政府分管县长任组长的区域供水工作领导小组，宝应县发改、住建、国土、规划、供电等部门和各镇作为成员单位，领导小组办公室设在县水务局，负责与各镇及相关部门的对接协调。领导小组定期召开会议，研究协调区域供水实施过程中的重大事项和关键问题。宝应县水务局主动发挥牵头作用，积极对接落实项目立项、建设管理、土地指标、争取资金、供电设施配套工作，妥善处理施工遇到的杆线管道迁移、房屋拆迁等清障、"赔青"矛盾，加快推进了县到镇213千米主管道的铺设工作，提前一年完成主管道铺设任务，县发改、住建、国土、交通、规划、环保、卫生、供电等相关部门对区域供水这一民生工程按照特事特办的原则，加大帮办服务的力度，简化办事手续，缩短办事流程，推进了工程的顺利实施。

为确保全县城乡居民饮水安全，在县区域供水领导小组的统一指挥下，各职能部门充分发挥职能作用，形成强大工作合力。一是提升应急处置能力。按照《宝应县集中式饮用水源突发污染事件应急预案》的要求，定期组织跨部门联合演练，提高实战水平。城区水厂分别制定了水源水质、机电设备、供水调度、管网抢修等专项预案，保证吸油棉、粉末活性炭、高锰酸钾等应急药剂的储备达标，确保不发生一起饮用水安全事故。二是重点加强末梢水水质检测。县卫生部门按照检测覆盖率 100% 的要求，定期对全县集中式供水单位开展出水水质监测。每月三次组织县卫生、供水公司对实施区域供水的地区开展末梢水检测，主要检测余氯、细菌、大肠菌等主要指标，确保末梢水水质达标率 100%。

各镇也按照实施方案明确的工作内容和时间要求，确保了主管道通到哪个镇，哪个镇就能及时并网供水。各镇还成立了由老干部、老党员组成的监督小组，对筹集资金的使用情况、工程质量进行监督，调动了广大农民群众参与区域供水工程建设的积极性。

省市领导高度重视宝应县区域供水工作，多次到宝应县检查指导，充分肯定了宝应县区域供水工作。2010 年 8 月 5 日，扬州市委书记谢正义深入宝应县黄塍、西安丰、曹甸、泾河、山阳、望直港、小官庄、鲁垛、柳堡、夏集、广洋湖等乡镇，察看这些乡镇的区域供水推进等情况，充分肯定宝应区域供水工作所取得的成绩。

宝应粤海水务有限公司

2009 年 8 月 27 日，张爱军副市长听取宝应区域供水情况汇报后指出，宝应的区域供水的难度在全市是最大的。他要求，一要把这区域供水工作列入全县工作重点，予以重视；二要在工作实施过程中，分清轻重缓急，一步一个脚印完成；三要在财力安排上有所倾斜，多样化组织资金；四要在破解难题时有创新思维；五要在工作力量组织上有重点保证，相关职能部门要全力以赴，组建队伍深入一线；六要加强工作考核，实行责任追究制度。

宝应县人大、县政协也多次组织人大代表、政协委员实地察看当地区域供水工程建设。

2012 年 5 月 20 日，潼河水厂顺利供水，标志着宝应县区域供水工程阶段性完成，提前半年实现了区域供水全覆盖。

使足五把劲，保证恒久发力

区域供水不是一朝一夕可以完成，也不可三天打鱼两天晒网。这是一项需要长期坚持的民生工程，也是需要不断创新机制体制、不断适应经济社会发展、不断提升技术手段、不断维护群众生命健康的工程，更是一项需要坚持水源地保护不松懈、坚持水质监测不松懈、坚持惠民利民不松懈的工程。宝应在 2012 年提前完成区域供水全覆盖后，一鼓作气，在水厂建设、水源地保护、应急处理能力提升、水价合理化等方面做出了傲人的成绩，取得了广大群众的支持和拥戴，也赢得了省、市领导的一片赞誉。

2014 年 12 月 3 日，时任江苏省省长李学勇同志深入到宝应县氾水镇新民村，实地察看区域供水、村庄建设、环境整治等情况。李学勇来到新民村红旗组农民吴怀顺家，打开水龙头，查看水质水压，并询问水价。吴怀顺笑着告诉省领导："现在我们与城里人一样，喝着干净的自来水，以前农村常见的肠胃病、结石病等减少了很多。感谢党，感谢政府。"省长李学勇认真听完他的话后，高度肯定了扬州加大投入、实现"三同"区域供水全覆盖的做法和成绩。他说："全省把城乡统筹供水作为民生的基础实事，争取在 2015年实施到位，扬州区域供水的经验值得在全省推广。"这是省领导对扬州多年来所做区域供水工作的高度肯定，也是一种鞭策和鼓励。也正是宝应这人杰水清的好地方，成为扬州实施区域供水工程的典型，成为实现区域供水全覆盖后恒久发力的模范和先锋。

水源常清 润泽荷乡

宝应县在 2014 年年底开展饮用水水源地保护专项行动。在里运河依法划分水源地保护区,在一级保护区、二级保护区和准保护区界边设置标志牌,在取水口设置隔离防护栏 262 米、陆地围墙 358 米、水源地标志牌 2 块、自动监控系统一套。持续开展饮用水水源地保护区整治与生态修复工作,在一级保护区内取缔了磷肥厂码头,关闭了宝应县大成羽绒厂,在准保护区内拆除了华盛化学品公司及码头,完成整理两岸土地 28 万平方米,建设生态护坡 10 千米,景观绿化 18 万平方米。加快推进城区集中式饮用水水源地一级保护区背水坡凤蝶染化有限公司等 5 家企业搬迁工作。在潼河建成水厂一座,配套建成饮用水水源水质自动监测站,依法划分水源地保护区。持续开展饮用水水源地整治,实施水源地河道清淤及生态修复工程,在饮用水水源保护区范围内严格控制与供水无关项目的建设,依法取缔保护区内违法建设项目和活动。

2014 年 8 月 12 日,潼河水厂水质自动监测站顺利通过环保部门组织的考核验收,正式投入使用,并与扬州市环境质量自动监测系统实现了联网。潼河水厂水质自动监测站位于潼河饮用水源地取水口,由县水务局斥资近 100 万元,于 2012 年 8 月开工建设,2013 年 1 月完成监测仪器设备的安装、调试,并投入试运行。监测站设备配置先进,系统功能完备,可实现远程实时调控以及数字信息和视频信息传输。水质自动监测站能连续完整地反映水厂饮用水源地水质情况,大大缩短从采样分析到获得结果的时间,有利于污染源的迅速控制、水质污染事故的及时预防和对下游水质污染的预报,保障宝应老百姓的用水安全健康。

"一劳永逸解决供水难题"

2014 年 10 月 11 日上午,伴随着鞭炮声、机器轰鸣声,宝应粤海水务公司扩建二期工程土建项目正式开工建设。二期工程设计制水能力为 4 万吨／日,项目实施后,城区水厂供水生产能力将由目前的 9 万吨／日提升至 13 万吨／日。工程内容主要包括:网格絮凝沉淀池、V 型滤池等、化验楼、加氯间、污泥干化系统、相关机电设备和厂区配套设施等。项目总投资 4782 万元,征地约 26 亩,同时考虑为远期深度处理预留地块。该项目的实施将会进一步提升宝应水厂的供水安全保障能力,同时满足了地方经济建设的发展。2015 年 5 月 25 日下午,宝应水厂二期

4万吨扩建工程正式通水试运行。

为有效缓解宝应县南片区域供水不足问题，2015年年底，宝应县水务部门投入4300万元，在夏集镇蒋庄村兴建潼河水厂二期工程。水厂二期占地面积共32.5亩，日供水量与一期一样均为2.5万吨，工程从2015年12月份破土动工以来，计划从运河、潼河取水，并与粤海水务有限公司达成合作，设置管道互为备用。潼河水厂杨总介绍说："潼河水厂规划5万吨，一、二期分别承担2.5万吨，计划沿运河、潼河取水，向氾水、夏集、柳堡、广洋湖、鲁垛、射阳湖等6个镇供水，可以一劳永逸地解决这些乡镇的供水难题。"整个二期工程已于2016年10月份进入试运行投产。"二期工程的工艺水平在原有的基础上有了较大的提升，原水的PH值、浊度、温度以及耗氧量都将进行全过程控制。"潘树荣表示，"泵房是按照标准化的厂房来建设的，第二供水泵房的能力也相应提高了。"潘总介绍，原来的泵房供水量只有2.5万吨，现在的泵房则提高到了5万吨。

"液氯发生泄漏！"

"经理，不好了，液氯发生泄漏！"急促的话语从一名满脸着急的年轻小伙子嘴中道出。"总经理，液氯发生泄漏，我请求启动液氯泄露二级应急预案。"部门经理紧急向总经理报告道。

"立刻执行！"总经理的声音似穿透云霄般洪亮。

为进一步增强员工对液氯物理、化学及毒理性的了解，提高员工应对液氯钢瓶泄漏突发事件的应急反应及处置能力，2014年12月29日下午，宝应粤海水务有限公司举行了公司内部液氯泄漏应急预案演练。此次演练邀请了县公安局、治安大队、辖区派出所相关领导亲临观摩指导。根据《宝应县城市供水安全事故应急救援处置预案》中液氯泄露处置办法中组织机构的设置，本次演练共32人，分5个小组，分别是紧急救援指挥小组、安全保障组、医疗救护组、抢险抢修组、后勤保障组。

这场演练是模拟真实的液氯泄漏事故发生之后的抢险抢修过程。随着加氯间刺耳的报警声响起，值班人员第一时间向部门经理报告现场情况。部门经理在了解现场情况后，果断决定向总经理请示启动液氯泄露二级应急预案。

抢险抢修小组接到命令后，立即赶赴液氯车间，迅速进入液氯泄露应急处理工作状态，以最快的速度完成了防护服、空气呼吸器的穿戴。进入现场后，抢险抢修人员首先关闭了加氯间的所有门窗，避免液氯对附近居民造成伤害；其次，抢险人员用氨水绕氯瓶一周检查漏点，经检查发现氯瓶瓶口阀门处有氯气泄漏。为防止氯气进一步泄露，抢险队员们按照抢险预案的要求和步骤，使用专用工具对氯阀泄漏处进行封堵，最后用氨水检测封堵效果。堵漏成功后，事故处理人员随即清理现场，液氯泄漏演练圆满结束。

演练中各行动小组各司其职，迅速组织人员疏散、现场急救、抢险扑险、现场警戒，有序地完成了此次演练。通过演练，不但有效地增强了全员的安全意识，更进一步提高了在突发情况下的应急处置能力，为宝应县安全供水工作提供了有力保障。居安思危，这是宝应水务工作者心中常记的四个字，心中有百姓自然能做到时时刻刻保证水质安全健康，认真做好每一份工作，认真检查每一个环节，细致入微，从不懈怠。因为这是一份责任，更是一份追求。

冰天雪地里的抢修

2016 年 1 月 23—24 日，宝应县遭遇了二十年未遇的极寒天气，最低气温达到零下 12℃，三四天后冰冻的水管、水表开始慢慢解冻，停水、漏水的现象频发，对于宝应水务部门来说，一场抢修高峰已然来临。"我家的水表冻坏了，水一个劲地往外喷，能不能抓紧时间帮我们修一下……" 1 月 29 日一大早，在粤海水务业务接待处，前来报修的居民络绎不绝。"请详细说明一下你家的住址，我们会尽快安排工作人员上门维修，近期接待量比较大，如有延误，请大家谅解。"营业员范成梅一边娴熟地记录着，一边面带微笑跟居民打着招呼。

为应对极寒天气给居民带来的供水问题，粤海水务公司专门制定了应对措施。首先是启动极寒天气供水应急预案，充实应急队伍力量。针对极寒天气带来用户水表和管道等设施损坏"井喷"式增长，公司及时启动极寒天气供水应急预案（Ⅲ级），在保证水厂供水生产秩序稳定的前提下，由各部门调派力量，充实管道维（抢）修和换表一线力量；随着报修量的持续上涨，公司进一步提高预案等级（至Ⅱ级），公司经营班子成员分别进入工程、营业一线，靠前指挥，并通过向天宇公司返乡施工队、在城开发单位借调水电施工人员，进一步充实应急抢修队伍，每天投入各类抢修和换表人员 62 人。其次是优化应急队伍配置，全天候开展应急抢修。同时，对抢修人员分班次管理，保证每日 7—24 时（最迟达凌晨 2 时）抢修力量到位。一切显得有条不紊，井井有序。而这正是因为管理不断完善、应急处理能力不断加强的结果。

有序的管理必然带来高效的工作，不断提升的应急能力必然带来更加成熟的工作机制。宝应供水工作一直走在正确的道路上，用更加贴心的服务，用更加健全的机制，让每一个宝应百姓用水满意，饮水香甜。

让百姓满意的水价

老百姓普遍关心水价，如何有一个让城乡居民都满意的水价是宝应县政府非常重视的问题。宝应县通过充分研讨、征询多方意见来确定水价，是让区域供水这项民心工程更加贴近群众，让老百姓真正得到实惠，是让区域供水工程能够在宝应这片荷藕之乡开出更加灿烂的鲜花。

经宝应县政府同意，2015 年 11 月 26 日、27 日，宝应县物价局分别组织召开了宝应县居民水价改革、区域供水水价改革听证会，就城区民用水价格调整、阶梯水价及区域供水价格调整等内容向与会听证代表充分征询意见。来自县人大、政协、各政府部门及社会组织、相关领域专家以及城乡居民的共 24 名听证代表参加会议，还有部分经营单位代表参会。经过两个半天的听证，会议一致同意并支持水价调整方案一，即城区居民水价由现行 2.60 元/吨上调至 2.85 元/吨。同时实行阶梯水价，第一阶梯户年用水量不超过 216（含 216）吨，到户价 2.85 元/吨。第二阶梯户年用水量在 216—264（含 264）吨，到户价为 3.58 元/吨；第三阶梯户年用水量在 264 吨以上，到户价为 5.77 元/吨。此外，根据"同网同质同价"的原则，农村区域供水居民到户价同步调整到 2.85 元/吨，区域供水趸售水价由目前的 1.30 元/吨上调至 1.46 元/吨。

张爱军副市长曾在《在全市区域供水工作推进会上的讲话》中指出：区域供水是一项重要的民心工程和德政工程，也是建设"幸福扬州"的重要举措。我们必须以对人民高度负责的态度，以更大的决心、更大的力度，加快推进扬州市的区域供水工作，为切实提高人民群众生活质量、全面建成小康社会做出新的贡献！

区域供水工程的实施，充分体现了省、市、县等各级党委和政府对民生工作的高度关注，凝聚着宝应县上下 90 余万人民辛劳的汗水，区域供水造福于民，清清细水化作汩汩清泉流进百姓的心中，荷藕之乡将永远荡漾着健康之水的涟漪！

（编写：刘骏）

梅花香自苦寒来

——扬州区域供水成果扫描

扬州市从2003年开始启动区域供水工程。2009年5月市六届人大常委会第十次会议作出《关于加快推进区域供水 切实解决农村饮用水安全的决议》之后,围绕"市区及仪征市2010年实现区域供水全覆盖,其他地区2012年实现区域供水全覆盖"的目标任务,市、县(市、区)两级政府高度重视区域供水工作,不断完善供水规划,精心制定实施计划,积极化解矛盾难题,狠抓各项工作落实,全市区域供水工作目标任务于2012年全面完成。

第一节 区域供水建设成果

1.供水能力进一步得到增大

先后投入9.86亿元,新建、扩建了扬州第五水厂一期工程、宝应潼河水厂、宝应水厂、高邮市临泽水厂、高邮市界首水厂、高邮市司徒水厂、高邮菱塘水厂,新增日供水能力51万吨。

仪征水厂

到2012年,在省内首批全面完成区域供水工作,全市区域供水水厂累计达到19座,日供水能力达179.5万吨,满足了全市生产生活用水需求。

2.管网建设进一步得到完善

全市累计投入

扬州区域供水纪实 · 成果篇

28.47 亿元，铺
设供水主干管道
1438.18 千米，支
管网 15016 千米，
全市实现了区域
供水主管网、支
管网全覆盖；建
成无负压增压站、
并联式增压站 29
座，有效保证了
区域供水的水质、
水压。

在区域供水
工作期间，市委、
市政府特别着重
明确了要进一步
加大对老旧管网
和进村入户管网
的改造力度，要
有计划地在完成
好主干管网的基
础上，将支管网
改造任务实施到
位。根据这一要

支管网铺设

求，各级政府均制订了详细的年度、月度工作计划和相应的考核方法。一是结合
乡镇村道路建设，同步进行管网铺设，保证路通水到；二是多措并举，加大侧漏
和管网改造力度，针对镇村存在的局部地区漏损较为严重并影响正常供水的问题，
有计划、分步骤地对旧管网实施更新改造。

3. 小水厂关闭得到全面落实

全市累计投入 4.96 亿元，计划关闭的小水厂 484 座已全部完成回购、关闭工作，
486 眼水井也全部不再作为取水水源，除部分用作农业灌溉外，其余都进行了封填。

水厂取水口保护区

饮用水水源
一级保护区

监督管理电话：12345

水源地保护警示牌

4.饮用水源地保护进一步得到规范

全市实现了区域供水全覆盖的目标后，共建成饮用水源地 16 个，其中，11 个县级以上集中式饮用水源地，已经省政府批准。按要求划定了一级保护区和二级保护区范围，水质在线监测系统全面配套建设到位；5 个乡镇取水口水源地，也按照要求划定了保护区范围，全市 19 座供水水厂主要以长江、京杭大运河、高水河、芒稻河、三阳河、廖家沟等水体作为水源，所有水源地保护区均设置了隔离防护设施，共计竖立水源地保护区标志牌 117 块。2005 年以来，先后搬迁、取缔、整治上游污染企业、砂石码头、造船厂、垃圾填埋厂等环境污染隐患单位 81 个。

目前，扬州城乡供水企业按照市建设部门的统一要求，建立健全安全巡查制度，落实专人定期进行巡查，一旦发现异常，供水企业能够迅速与建设、环保、水利、卫生等部门进行信息上报，及时沟通处置，确保饮用水源地安全，为全市供水安全提供了有效保障。

全市 16 个供水水源地通过生态林地涵养、环境综合整治、水体岸线保护以及岸坡抛石防护等多种措施，有效推进了饮用水源地的达标建设工作。目前，长江瓜洲水源地、廖家沟水源地、长江三江营（广陵、江都段）水源地、京杭大运河（高邮、宝应段）水源地、芒稻河水源地、高水河水源地均已完成达标建设，扬州市饮用水源地达标建设率已达 75%。市域形成以长江、南水北调东线输水河道为饮用水源的河流统一体系，实质性地实现了全市人民共饮长江水的夙愿。

5. 应急备用水源
供给进一步得到保障

区域供水完成后，
扬州市建立了多元化
的保障应急备用水源，
改善了扬州市应急备
用水源多数依靠地下
水的历史，保证了应
急供水的安全。城区
长江瓜洲、长江三江
营、廖家沟水源地等 3
个水源地已实现互为
备用，水量较为充沛；
同时，将菱塘水厂主
供管网与市区管网进
行联通，实现了城区
应急备用水源在长江
和淮河入江通道的基
础上，又增加了高邮
湖作为备用水源地，
有力保障了扬州市区

水质监测系统

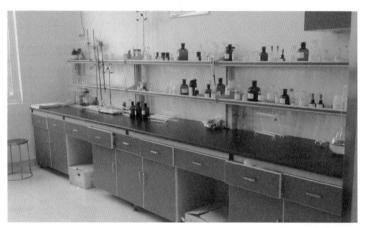

水质检测实验室

及高邮湖西地区的供水水压和安全；江都区主供水厂之间管网实现互联互通，并
与扬州市区供水管网分别在 328 国道头道桥、扬州夹江至江都滨江新城、文昌东
路东延等三处实现主供管道联网，解决了应急备用水源问题；仪征市将月塘水库
确定为备用水源地，在突发情况下可向仪征城区连续供水 200 天；高邮市将高邮
湖作为城市水厂的备用水源地，界首、临泽、司徒水厂等 3 座乡镇水厂均以深井
地下水为备用水源；宝应县潼河水厂与城区水厂也实现了管网互通，互为备用。

6. 水质检测能力进一步得到加强

到 2012 年全面完成区域供水工作以来，各供水企业均按要求建立建成水质
检测中心，对供水中的取水、制水到输水的各个环节实行全过程跟踪管理，确
保供水水质达到规范要求。其中，扬州市自来水公司水质检测能力近 180 项，

水质检测中心

覆盖了 GB5749—2006 中的全部 106 项参数，以及 GB3838—2002《地表水环境质量标准》中全部参数 107 项，在 2010 年率先通过了水质新标准 GB5749—2006 的全部 106 个指标的检测，在江苏省地级市供水行业处于领先水平；各县（市）水厂自检项目达 43 项以上，超过国标常规全分析检测标准 5 项。

在企业自检的基础上，市城乡建设局每月定期组织第三方检测，将检测结果公布于政务网站，及时向社会公示供水安全信息，接受公众监督；市环保、卫生等部门按照各自职责分工做好水源水、管网水水质检测与监督工作，环保部门进一步完善了各主供水厂特别是 5 万吨以下水厂水源地在线监测系统，在万福闸安装了 6 个参数的在线监测系统，在长江瓜洲取水口安装了 7 个参数的在线自动监测系统，与扬州市自来水公司实现了在线共享，24 小时监测原水水质；卫生部门进一步加强了乡镇末梢水水质监测，并及时对出厂水和管网水水质进行公示。全市区域供水水质监测管理做到了资金有保障、措施有落实、水质有保证。

第二节　区域供水解决农村用水困境

区域供水是按照水源、水厂的合理配置，将不同地区的水厂、管网进行统筹规划管理，形成大的、多层次的供水网络，从而提高供水水质和供水效率，增强供水安全性的一种供水模式。扬州市实施的区域供水工作，以"同水源""同管网"的模式，保障了全市人民都能喝上安全、稳定、健康的自来水，从根本上解决了广大农村地区供水水质差、供水不稳定等问题。

1.改善供水水质

区域供水实施前，供水水质问题突出。一方面，原水水质未达到饮用水标准。大部分小水厂采用深层地下水作为供水水源，部分偏远地区采用浅层地下水甚至沟渠水作为水源，而地下水中钙、镁等矿物质含量较高，水体浑浊，水质硬。许多居民表示，家中烧出的开水表面常有白色悬浮物，烧水壶、热水瓶内壁都结有厚厚的水垢。更严重的是，长期饮用地下水易引起心血管、神经、泌尿造血等系统的病变，危害人体健康。少部分地区临近江河，采用地表活水作为水源，虽然水中矿物质含量低于地下水，但是受到农业灌溉、生产养殖以及生活污水等方面影响，原水水质也无法得到保证。例如原湾头水厂是以廖家沟上游为原水取水点，由于这一区域水体流动性差，水面常常漂浮着各种生活垃圾，水中藻类繁盛，水源地污染严重。另一方面，污染物检测、水体消毒等水质保障措施匮乏。受限于技术、成本等因素，大部分小水厂将抽取

区域供水实施前后水质对比

的地下水直接送入供水管网，中间几乎没有任何水质检测和消毒措施，到达居民家中的自来水很多都达不到饮用水标准。

　　小水厂供水水质不达标给居民尤其是偏远乡镇居民的身体健康带来了较大的危害，许多地区结石、肠道病问题突出，甚至出现了"癌症村"现象。

　　原仪征市张集由于特殊的地理位置，周围的沟渠、池塘均为死水，加上当地养殖的水禽、牲畜对水体造成了较大的污染，受污染的地表水又进一步污染浅层地下水。因为长期饮用不健康的水源，附近的居民普遍患有肠道疾病，癌症发病率也远高于其他地区，张集成为远近闻名的"癌症村"。

　　区域供水实施以后，水质问题得到了根本性的解决。首先，水厂均以地表水为水源，取水口设立水源地保护区，建立在线监测系统，选派专门人员巡查，最大程度保障水源地水质安全。其次，所有水厂均建立水质实时监测系统，24小时

监测供水水质，确保第一时间了解水质变化。各县市均建立水质检测中心，最多可对 180 余项水质指标进行监测，并实行三级水质检测制度，定期对自来水取样检测。同时，采用絮凝、沉淀、过滤、氯气消毒等一系列处理措施，对原水进行消毒处理，确保自来水水质安全。部分水厂在现有消毒措施的基础上加入生物池处理、活性炭消毒、臭氧消毒等深度处理工艺，进一步优化自来水水质，使其达到直饮标准，充分确保全市居民喝上安全、放心的饮用水。

2. 保障供水稳定

过去乡镇小水厂出于成本考虑，供水管道采用 PVC 管、增强塑料管、水泥管、镀锌钢管等材质，其中 95% 以上为 PVC 管、增强塑料管和水泥管，而这些材料的供水管道质地脆弱，密闭性差，难以承受较大的管内压力，极易破裂，导致乡镇农村地区供水水压普遍不足，许多居民楼只能保证低层住户的正常供水，三层以上的楼层经常水压不足，水量小，甚至会出现断水的情况，对居民的日常生活造成了较大的影响。

同时，由于供水管道材质不达标，密闭性差，管网漏失率达到了 50% 以上，既浪费了大量水资源，也极大地增加了小水厂的经营成本。因而为节约成本，乡镇小水厂大多采用限时供水的模式，一天只有部分时间正常供水。加之大部分管网使用时间较长，年限多为 10 年乃至 20 年以上，导致管道破损情况多发，农村居民用水严重受限。宝应县某小水厂就曾经发生过春节用水高峰期间致供水不足，部分居民家中停水的情况，附近居民愤怒之下年三十晚上围堵水厂大门，要求水厂保证正常供水。

区域供水实施期间，政府收购所有小水厂，并对老旧管网进行更换改造，截至 2012 年，铺设供水主干管道 1438.18 千米，支管网 15016 千米，全市实现了区域供水主管网、支管网全覆盖，许多之前没有供水管道的偏远地区也通上了自来水。

宝应县南塘村因为地处偏僻，同时又地处荡区，管网铺设困难，一直没有通自来水，当地居民只能以小井

偏远地区也通上了自来水

水、河塘水作为饮用水源，不仅生活用水受限，更引起诸多健康问题。区域供水管网铺设到当地以后，南塘村村民主动缴纳水费和管道铺设公摊费用，并表示宁可多交钱，也要支持供水管网建设，因为这是真正造福当地的惠民工程。同时为解决供水压力不足问题，全市共建成无负压增压站、并联式增压站29座，有效保证了区域供水的水压稳定。许多农村居民笑着感叹："过去自来水水压小，屋顶的太阳能经常水上不去，现在终于可以天天都用上热水了！"

新的水厂实行24小时不间断供水制度，为乡镇居民的生活用水带来了极大便利，一大早排队接水、用水的情况一去不复返，农村地区家家必备的储水水缸也不见了踪影。

第三节 区域供水经验做法

1.强化组织领导，合力推进区域供水工作

市政府每年将区域供水工作列为改善民生和为民办实事的重要事项，纳入政府的年度目标管理系统，实行目标管理，强化落实推进。为明确工作责任，2005年和2009年市政府先后成立了由分管市长任组长的市区区域供水工作领导小组和全大市区域供水工作领导小组，各县（市、区）也成立了相应的领导班子，全市建立了"市、县（市、区）、镇（街道），市、主管局、供水企业"两个三级管理网络，保证了区域供水工作纵向到底、横向到边，全市上下形成了"政府主导、部门负责、舆论引导、社会参与、齐抓共建"的工作局面。为有效推进工作，市和各地还建立了区域供水联席会、工作推进会、区域供水月报制等工作制度，及时协调解决重点难点问题。几年来，市政府曾先后多次召开全市区域供水工作

全市区域供水推进会

各县市区积极推进区域供水工作

市领导调研区域供水工作

推进会,时任副市长张爱军同志亲自到会专题进行动员部署。时任市长谢正义、副市长张爱军多次赶赴高邮、宝应、江都、仪征专题调研、指导、督查区域供水工作。市人大组织全市区域供水工作满意度测评活动,并分别赴高邮、宝应、江都、仪征和市区督查全市区域供水工作。

　　2.编制完善规划,科学指导区域供水工作

　　早在2002年,扬州市就编制了《扬州市区域供水规划》(2002—2020)。2009年,按照省、市下达的目标任务和市人大常委会的《决议》要求,各县(市、区)积极开展区域供水规划修编工作。扬州大市区域供水规划总体要求是:2010年市区及仪征市实现区域供水全覆盖,其他地区2012年实现区域供水全覆盖。仪征市结合区域供水现状,完成了区域供水暨备用水源可行性报告,分东、中、西三线铺设供水主管道,分区供水;江都市完成了《江都市区域供水规划》修编工作,并经政府批准实施,明确建立市属水厂、中闸水厂、邵伯水厂等三大区域供水圈;高邮市区域供水规划修编也经政府批准实施,分为城郊、湖西、东北三大供水片,

5个集中供水点；宝应县也于2009年完成《宝应县区域供水规划》修编工作，划定以县属、潼河两个水厂集中供水，主管网向乡镇延伸供水。

3. 强化计划管理，确保区域供水工程建设有序推进

为确保《决议》提出的目标要求能如期完成，2009年市政府下发了《扬州市区域供水工程实施方案》，并与各县（市、区）及市相关部门签订了目标责任状。按照方案确定的年度区域供水目标任务，结合各地工作实际，市区域供水工作领导小组办公室十分注重加强区域供水工作计划管理。每年年初，及时编制下达年度区域供水工作任务，明确新开工项目的时间节点和进度要求，确保全年工作有序推进。

4. 多方筹措资金，有效推进区域供水工程

区域供水工程先期投入资金较大，回报周期较长。为解决建设资金瓶颈问题，各地在积极争取国家与省农村饮用水项目、区域供水项目国债和专项补助资金的同时，江都、仪征通过新成立的供水公司以资产担保形式融资贷款；高邮、宝应通过包装项目的方式获得银行贷款，并通过"一事一议"形式向社会集资；江都参照BT模式，通过项目建设投资人招标的方式，引进具有较强投资能力的企业，使全境13个乡（镇）得以同步高标准建设区域供水基础设施，为提前实现区域供水全覆盖发挥了关键性作用，有效保证了区域供水工程的顺利实施。一是争取专项补助资金。全市通过项目申报、向上争取资金等途径，共争取建设资金达4.64亿元（其中以奖代补资金1.67亿元，国债资金1.33亿元，农村饮用水安全补助资金1.61亿元）。二是吸引企业投资。各地采取合作投资等方式，共争取合作资金3.46亿元。三是加大政府投入。几年来，市政府补助资金3400万元，县（市）政府投入6.4亿元，有效缓解了资金压力。

5. 规范工程管理，狠抓区域供水工程质量

区域供水是一项惠及千家万户的民心工程、德政工程，在实施过程中，各地始终把工程质量管理放在首要的位置抓紧抓好。严格按照国家规定的基本建设程序，做好项目的立项、可行性研究、初步设计、开工报告审批等前期工作；严格执行项目法人制、招标投标制、工程监理制、质量监督制，认真贯彻《建设工程质量管理条例》和施工规范；严格把好管材选用质量关，全市各地均通过招投标来选择质优价廉的区域供水管材，确保把实事办实、好事办好。

供水管线穿越公路、铁路干线曾是制约江都区域供水工作快速推进的一大阻碍，经过江都与公路、铁路部门反复协商，上级主管部门积极争取，最终得到公

小水厂收购专题会议

路、铁路部门的理解与支持，为全线管网贯通铺平道路。

6. 积极探索实践，着力破解小厂收购难题

对小水厂大部分已私营化、回购矛盾难解决等问题，本着"因地制宜、创新观念、以人为本、和谐商谈"的宗旨，采用兼并、收购和合作等多种手段，因地制宜地选择适合实施的运营管理模式。同时，围绕工作重点，各地积极创新工作机制，采取有效措施，加大小水厂回购力度。

针对乡镇小水厂大部分已私营化的现状，市、县两级政府积极探索研究行之有效的回购政策，通过收购、兼并、联合等方式，推动小水厂回购工作。市政府积极给予补助支持，2010年补助资金已下达各县（市、区），

2011年补助资金也即将下达。仪征市政府综合采取经济、行政和法律手段，合情、合理、合法推进小水厂回购；出台相关政策，分两批依法关闭区域供水覆盖范围内的自备水源井，做到"管到井封"，并制定相关奖励办法，对按期或提前完成回购任务的乡镇给予一定的奖励补助，充分调动乡镇回购积极性；对不肯移交经营权的水厂，强制其使用区域供水水源，并严格执行物价部门审定的区域供水转供价及售水价格，大幅压缩其盈利空间，促进顺利回购；协调相关部门，充分考虑小水厂回购后的遗留问题，妥善安置富余人员，解决其后顾之忧，避免因小水厂回购而引发社会矛盾。加大对小水厂回购工作的督查考核力度，定期进行检查，对工作不力的乡镇进行通报批评，并将小水厂回购工作纳入乡镇年度考核和文明

动态监测系统

单位考核。高邮市政府针对湖西片小水厂回购专门出台政策,对完成小水厂回购的乡镇,按照饮水人口80元/人的标准由财政予以奖励,另由扬州自来水公司对湖西4乡镇按期完成小水厂回购的,定额补贴每座水厂100万元,有力促进小水厂的回购关闭。

7. 强化供水管理,保障城乡供水饮水安全

一是加强水源地管理。全市16个水源取水口,划定一级保护区和二级保护区范围,建设在线监测系统,竖立水源地保护区标志牌117块。各供水企业建立安全巡查制度,落实专人在水源保护区内经常性地开展安全巡查,发现异常,及时检查报告。二是开展水源地专项整治。从2005年开始,连续6年在全市范围内统一组织开展集中式饮用水源地专项整治,各县(市、区)都投入了大量的资金大力清理影响保护区安全的项目,其中为搬迁市五水厂水源保护区内的金三角和东晟两个造船厂就投入资金约5000万元。三是加强水质检测。对供水中的取水、制水到输水的各个环节实行全过程跟踪管理,确保供水水质达到规范要求。目前,扬州市自来水总公司自检项目达106项(国家全分析检测标准),各县(市)水厂自检项目也达到43项以上(国家常规检测标准38项),每月市城乡建设局将扬州市区供水出厂水和管网水质状况公布于局网站,及时向社会提供安全供水信

息，接受公众监督。

8. 加强督促检查，力求区域供水工作取得实效

一是定期组织考核。按照扬府办〔2009〕131号《扬州市区域供水工作目标考核试行办法》要求，市区域供水领导小组办公室抽调相关部门人员组成考核班子，对市区和各县（市）进行督查考核。平时，市区域供水领导小组办公室还建立健全月考工作制度，实行一月一考核、一月一排位，对考核结果进行通报。二是组织专项督查。市政府每年都召开区域供水工作会议，研究部署年度工作任务；数次召开推进会，掌握进度，排查问题，商讨对策，落实举措。自2009年以来，市四套班子领导多次组织区域供水工作的视察督查和专题调研，同时，市人大常委会成立区域供水专题调研组，多次赴县（市）和市区开展饮用水源地保护、供水设施建设、区域供水进村入户、小水厂处置、水到井封以及区域供水运行管理等方面的调研，有力促进区域供水工作的开展。市政府主要领导和分管领导也多次赴县（市）专题调研、指导督查区域供水工作。三是建立月报工作制度，定期编发工作简报，及时收集公布各地区域供水进展情况，交流宣传各地工作做法和经验，编发区域供水工作简报44期。今年6月开始，市区域供水工作领导小组办公室按市政府要求进一步加大督查频次，每周通报一次全市区域供水扫尾工作进展情况，同时商请市委督查办对全市区域供水工作进度予以高度关注，定期下发督查通报。

9. 经营模式不断创新，跨区域、跨部门及政企合作取得实施性进展

高邮市尝试多种经营模式并存：湖西片区4乡（镇）由扬州市自来水公司负责供水到户管理，不仅大大减轻了高邮市的投资压力，同时使市区供水系统增加了高邮湖这一备用水源，进一步提高了区域安全供水的能力；城郊片区9乡（镇）由港邮公司供水，乡（镇）成立经营公司负责到户管理；东北片区10乡（镇）由市供水公司供水，高邮市水务局组建各乡镇参与的供水股份公司到户管理。仪征市港仪公司负责仪征城区公司，仪征市水务局新成立城乡供水公司到户管理。宝应县按照水到井封的原则，及时关停全县192座镇村小水厂，15个镇区除安宜镇和开发区纳入城区管理外，其余各镇实行到镇水厂挂总表，计量收费，镇以下的管理收费由各地成立自来水服务公司负责，并积极与税务部门沟通，落实税收优惠政策。继仪征刘集—大仪一线后山区乡（镇）实现由扬州市自来水公司跨区域供水之后，江都区与扬州市自来水公司达成头桥水厂向江都日供水10万吨的合作协议，迈出了长江水源向北跨江供水的坚实一步。

第四节 获奖情况及媒体报道

1. 获奖情况

2013 年 3 月，扬州市区域供水项目作为"江苏省统筹区域供水规划及实施项目"的重要组成部分，被国家住建部授予中国人居环境范例奖，并向联合国人居署推荐申报"迪拜国际改善居住环境最佳范例奖"。

2013 年 5 月 13 日，省住建厅召开全省城市供水安全度夏及排水防涝工作会议，全面部署 2013 年全省饮用水安全度夏、城市排水防涝和污水处理等工作，会上表彰了 2012 年度全省城市供水安全保障考核优秀城市、先进集体、班组和个人。扬州市被授予"江苏省城市供水安全保障考核优秀城市"，市城乡建设局下属的扬州市城市供水节水管理办公室、市城建控股集团下属的扬州自来水有限责任公司被授予"城市供水工作先进集体"，扬州市江都自来水有限责任公司被授予"城市供水先进集体"，扬州市江都自来水有限责任公司中心化验室、高邮港油供水有限公司管道维修班被授予"城市供水工作先进班组"，扬州自来水有限责任公司水质监测中心颜勇、高邮港油供水有限公司管道维修班王干被授予"城市供水工作先进个人"。

2. 媒体报道

扬州作为江苏省首批实现城乡统筹区域供水的城市，区域供水工作成果斐然，是真正为民谋福祉的幸福民生工程，许多媒体纷纷报道扬州区域供水所取得的成果。新华社聚焦扬州区域供水工程时，这样称赞：水变清了，水压变大了，口感更好了，水垢不见了，供水全覆盖让城乡居民共享发展成果。

《新华日报》：告别"当家塘"，喝上长江水，这是无数丘陵区农民对饮水安全的期盼。在扬州最东北部的宝应西安丰苗圃村，长江水跋涉了近 200 千米。区域供水，彻底解决了农村饮水安全问题，让农民从"有水喝"到"喝好水"，扬州市先后投入近 50 亿元，铺设供水主干管道 1438.18 千米，支管网 15016 千米。"以前农村里最容易得肠胃病和结石病，肠胃病多的时候一天就来六七个，现在水好了，一个星期只有两三个。"苗圃村村医乐华广告诉记者。

新华网：江都武坚，位于扬州最东边、里下河腹地的乡镇，没有区位优势，没有产业优势，却吸引院士、教授、专家驻足，带着自己的智囊团，为企业设立科研院所，研究行业前沿的科技产品。武坚成为全省首批"创新专业镇"，也成就了闻名全国的"武坚现象"。"一杯水也是招才引智的硬条件！"乡镇负责人自豪地介绍说，武坚镇虽距离江都主城区 50 千米，但通过区域供水工程，武坚人和城里人同饮甘甜的长江水。"好水泡上一杯好茶，敬给专家、教授，他们在武坚工作生活很惬意。"

中共江苏省委新闻网：轻轻一拧，就能喝上清澈的自来水，这种城市居民早已习以为常的生活，对仪征月塘镇捺山村的农妇高敬珍而言，却等了大半辈子。在她的记忆里，每天清晨到中午忙完农活，去两千米之外挑水一直是她每天必做的家务活。"原以为这辈子离不开挑水担了，没想到政府帮我们通上了自来水。"53 岁的高敬珍伸出她的双手，长年挑水让这双手留下了厚厚的老茧。

"仪征地形地貌特殊，多低山丘陵，水资源分布不均衡，地下水和塘坝水一直是居民的主要水源。"提起用水难，仪征市水务局负责人满是感慨：西北部的丘陵地区用水更是难上加难，年年受旱、年年抗旱一直是水务系统的头等难事。喝上方便、干净的自来水，更是当地百姓多年的期盼。

而今，仪征实现区域供水全覆盖，百姓的生活发生了天翻地覆的变化：曾经的长途跋涉成了轻而易举的随手一拧，曾经的殷殷期盼，也成了摆在眼前的幸福生活。

轻轻一拧，拧出了清澈的自来水，也拧出了百姓千百年来生活品质的改变。高敬珍家的三层小楼，上上下下安装了 10 来个水龙头，曾经提供一家人吃水用水的大水缸，也早已成了堆放杂物的储物缸。高敬珍笑着说，祖祖辈辈挑水吃，现在我们也和城里人一样用上了自来水。如果说跋涉是仪征丘陵山区居民曾经的用水写照，那么宝应县西安丰镇居民用水的关键词则是等待。"以前每天村里只有早晨 4 点、上午 10 点和下午晚饭时放三次深井水。要喝上头道水，就要凌晨一早起来，准备好水缸等着放水。"西安丰镇苗圃村居民乐其标说，如今，家里通上自来水，自己终于能踏踏实实睡到自然醒。

乐华广，苗圃村医务室的医生。行医 35 年，在他的记忆中，遇到最多的就是结石病和肠道病患者。他给了这样一组数据：苗圃村 2345 名居民，三十多年来，自己收治的结石病患者就有将近四百名。喝上健康放心的水，成了村民最迫切的期盼与梦想，而这一梦想随着区域供水工程的完成终于变成了现实。乐华广感慨：政府解决了村民多年的渴盼。而今，结石和肠胃病患者大幅度减少，他的工作也变得轻松多了，多数时刻只是为村民治疗感冒，提供体检。

（编写：罗灿、戴晶）

扬州供水任重道远

从 2009 年 5 月市人大通过《关于加快推进区域供水 切实解决农村饮用水安全的决议》，到 2012 年 12 月全市实现区域供水全覆盖，扬州用 3 年半时间完成了这项史上单体投资规模最大、涉及面最广的惠民工程。

但惠民无止境，永远在路上。随着国家生态文明建设和绿色现代化步伐的不断加快，对生活饮用水的卫生要求越提越高，标准愈益与国际接轨，需要不断地加以适应。扬州将继续执行国家强制实施的新版《生活饮用水卫生标准》，至 2020 年还将与南京、镇江、泰州和南通实现联网供水。未来扬州的供水目标是让全体市民喝上更加安全卫生的"直饮水"。总之，未来扬州供水任重道远。

所谓直饮水，也称为活化水、健康活水。它必须同时满足三个条件，即无污染、含有益矿物质元素、pH 值呈弱碱性，从而达到世界卫生组织公布的健康水标准，并与之完全相一致。

2016 年 9 月 27 日，扬州市第七次党代会召开，市委书记谢正义作《迈上新台阶、建设新扬州，奋力谱写好中国梦第一个百年梦想的扬州篇章》报告。报告提出建设江淮生态大走廊是"十三五"时期扬州生态文明建设的"头号工程"，规划年限为 2015—2025 年，分两期建设。通过江淮生态大走廊建设，筑牢扬州绿色屏障。其中，在水治理方面，将狠抓流域断面达标，强化不达标段面治理；加强城市黑臭河道治理，大力实施控源截污和清水活水工程。"十三五"期末市控以上断面水质优良率要达到 73% 以上，饮用水源地水质达标率始终达到 100%。

扬州未来区域供水的目标更加明确。这个目标的实现是艰难的，极富挑战性。要实现这一目标，既不能一蹴而就，也不能裹足生畏，而是既要立足当前，稳步推进，又要放眼未来，勇于突破。

对未来充满希望的扬州，坚持"一张蓝图绘到底"的必胜信念，锁定目标，知难而上。

具体而言，扬州未来供水要实现新目标，必须围绕"筑牢、盯紧、咬定、提足、完备、优化"十二个字做文章，观念上有新思路，实践上有新举措，从而形成合力，产生巨变。十二个字展开来说，是为筑牢生命水源防线，盯紧供水生产环节，咬定水质监测过程，提足管网改造标准，完备应急预案体系，优化水厂建设布局。六轮驱动，互为效应，把扬州供水未来蓝图绘好绘精彩。

第一节 筑牢水源生命防线

水源之所以称为生命之源，因为水是构成人体生命的最重要元素，人类须臾离不开水。

保护好水源，就是保护生命的最爱。

"问渠哪得清如许，为有源头活水来。"要让人民喝上卫生水、放心水，水的生产和供应的各个环节固然重要，但原水是第一位要素。因此，水源保护乃是重中之重。

扬州在 2012 年实现区域供水全覆盖后，继续采取特殊措施，加大水源地保护力度，以确保预防水源地污染、保证水源地环境质量。措施其新其特之处，体现在四个方面。

提高保护等级标准，扩大水源保护范围，是为一。

提高保护等级标准。截至 2015 年，扬州市共有 20 个集中式饮用水源地。按水源地类型可分为长江干流水源地 3 个，运河调水线水源地 11 个，水库型水源地 1 个，湖泊型水源地 5 个。其中对 11 个划定为一级水源保护区而言，扬州在执行《江苏省长江水污染防治条例》的基础上，提高保护等级标准。取水口上游的保护区域是省定标准 500 米的一倍，达到 1000 米，像瓜洲水厂、江都三江营水厂、宝应宝源水厂即是；取水口下游的保护区域亦是省定标准的一倍，达到 1000 米，像廖家沟取水口，宝应自来水厂，潼河自来水厂，高邮第一水厂、第二

扬州城区新建管道及沙头增压站后供水格局

扬州市城区三大水厂供水范围及最高日负荷率

水厂，以及江都第一水厂、第二水厂即是。此外，二级保护区和准保护区也在省标的基础上略超或持平。2016年邗江区政府下发年度生态红线区域保护年度计划，计划投资4300余万元，对生态红线区域实施生态环境维护、生态修复、生态补偿、发展生态经济等44项保护项目。对位于瓜洲森林公园一级保护区内的瓜洲取水口区域实施最严格的管控措施：一方面关闭水源地一级保护区内与供水和保护水源无关的建设项目，依法清拆违章建筑和设施；另一方面，积极实施水源地保护工程。对一级保护区和取水口上游300米至下游200米进行"双重"物理隔离，设置警示标识并安排人员定期巡查，确保水源地安全。

新增一级保护区。2015年扬州新增江都区高水河邵伯水源地、高邮市京杭大运河界首水源地、三阳河临泽水源地、三阳河司徒水源地、高邮湖湖西水源地等5个水源地。这5个水源地均处乡镇辖区，标志着扬州水源地保护实现了城乡全覆盖。

扩增备用水源保护区。"十三五"期间，扬州在划定月塘水库为备用水源的基础上，又规划将高邮湖和邵伯湖划为备用水源保护区。高邮湖是江苏省第三大淡水

司徒水厂饮用水水源地取水口

湖，拥有36个大小连贯的湖泊，总面积760.67平方千米，其中水面积648平方千米，苇滩和堤坝面积112.67平方千米。邵伯湖是临近扬州最大的湖泊，保护区总面积4638公顷，其中核心区面积365公顷，实验区面积4273公顷，特别保护期为全年。切滩面面积约18150亩，总水面增加一倍。建设三大备用水源保护区，旨在应急状态下，满足对全市特殊时期饮用水安全的要求。

划定"生态红线"，实施"两级管控"，是其二。

水源地划定保护区只是一个起点，有没有硬性措施跟进，构成关键。扬州相继出台"生态红线"和"二级管控"两大举措。

划定"生态红线"。2014年扬州颁布《生态红线区域保护规划》，明确生态红线区域主要为重要生态功能区，包括自然保护区、森林公园、风景名胜区、饮用水源保护区、重要湿地、洪水调蓄区、湿地公园、重要水源涵养区、重要渔业

水域、清水通道维护区、有机农业产业区 11 大类，共计 64 块区域，总面积达 1325.2 平方千米，占到扬州总区域面积的两成。扬州饮用水源一级保护区，加上高邮三阳河、邵伯镇高水河，共 13 个列入生态红线。比重之大，前所未有，可见水源保护地位的重要。划定"生态红线"，这是上升到法律层面的保护，宗旨在于树立

扬州市第一水厂区鸟瞰

底线思维和红线意识。生态红线是限制开发利用的"高压线"，维护生态平衡的"安全线"，是维护区域生态安全的"生命线"，也是扬州率先实施生态红线管控环境的重大创新。

实施"两级管控"。根据规划，扬州一级管控区面积 150.83 平方千米，其中，水源保护区为一级管控区，包括 11 个县级以上饮用水源保护区、2 个乡镇级饮用水源保护区在内，共计 20 个。二级管控区 63 个，管控区面积 1174.37 平方千米。管控区内明确"两个禁止"：禁止在饮用水水源地保护区排污或进行可能污染水质的各种开发利用活动；禁止在保留区内进行破坏水质的开发利用活动。甚至对过渡区也有硬性规定，这就是应当保证水质达到下游段功能区起始断面水质的目标。为此，对保护区内的企业一律实行搬迁。仪征投入千万元搬迁华舜燃气站，并投资近 200 万元实施小码头生态绿化工程。扬州市区投资 5000 万元，搬迁金三角和东昇两家造船厂。邗江投资 9000 余万元，用于邵伯湖邗江沿线的清水通道清洁改造工程。江都、高邮、宝应等纷纷采取措施，对南水北调东线源头输水廊道两侧的生态管控区进行全面清理，凡污染企业一律实施关停及生态修复。"两个禁止"为扬州水源保护区再加保险。

调整取水位置，改善水质生态，是其三。

调整取水位置。选择水质相对较好的取水口，也构成水源地保护区的重要一步。扬州自来水公司第一水厂、第三水厂率先将廖家沟水源地取水口向南迁移 1.2 千米。新取水口位于万福大桥和广陵大桥之间。取水规模为 40 万立方米 / 日。工程总占地面积 17.86 亩，概算总投资 1.35 亿元。工程由扬州城控集团实施，属于加快江广融合发展、推动大扬州建设的重大基础设施工程。2015 年上半年竣工投运。

仪征也在积极谋划上移长江取水口。扬州化工园区管委会、仪化公司和仪征市三方研究决定对取水口实施搬迁，向上游迁移1380米，确保取水头部满足法规要求。工程预算总投资1.88亿元，力争2016年10月开

司徒水厂组合池

工，2017年上半年建成并投入运行。如此，仪征新取水口将成为扬州长江取水口的最上游。

里下河片区高邮市司徒水厂、临泽水厂，以及宝应潼河水厂的取水源则向京杭大运河切换。切换工程计划于2018年前完成。以此优化配置，形成全市范围内均从长江、大运河沿线取水的格局，使得全市人民都能饮用到优质的水源。

改善水质生态。扬州对水源保护区的水质生态改善同步设定目标。"十三五"期间，按照《扬州市水资源保护规划》要求，扬州还将实施"5+1"的水生态保护与修复工程措施体系，也就是以生态需水保障措施为核心与基础保障，区域内分别实施城市清水活水工程、区域水环境治理与修复工程、调水线生态廊道建设工程、重要河湖湿地生态保护与修复工程、山丘区小流域水源涵养保护工程等5类工程类型。

如此，扬州将形成"一脉、一线、两片、多点"的水生态保护格局，即以沿江城市集中发展区为脉，协调沿江经济发展与水生态保护关系；以南水北调输水干线为线，打造江淮生态廊道；以里下河地区和仪征山丘区为重点区域，对出入库河道开展湿地构建与生态环境的保护与修复；以城镇群组为多点覆盖，通过实施城区控污截污、清水活水工程进一步改善城市水环境。设定到2020年全市116个水质检测断面的水环境将全面达标。其中，境内长江的水质将由现在的二类至

三类水，提高到 2020 年的二类水的标准；京杭大运河由现在的四至五类水提高到三至四类水的标准；廖家沟取水口水源将从现在的二至三类水，提高到 2020年的二类水标准；瘦西湖水质也将由五类水提高到四类水的标准；内城河、古运河水质将由劣五类至五类水，提高到四类水的标准；邵伯湖由现在的三至四类水，提高到二类水标准；高邮湖从现在的三类水提高到二类水标准。

与此同时，2015 年起，扬州还规划建设江淮生态大走廊。规划分近期目标和远期目标，其中，近期（2015—2020 年）重点规划建设淮水归江水道暨南水北调输水通道核心保护区域，面积约 1300 平方千米；远期目标（2020—2030 年）继续推进生态大走廊建设，由核心区扩大到规划控制区，通过实施更大范围的环境治理、生态建设和生态修复，最终将淮水归江水道和南水北调东线输水廊道打造成清水走廊、安全走廊和绿色走廊。也就是说，到 2020 年，扬州取水口的长江、廖家沟、高邮湖、邵伯湖的水质将全部实现优良。

2010 年 5 月 29 日，扬州第五水厂竣工通水。

第二节 咬定供水直饮目标

　　曾几何时，直饮水成为扬州人的一种梦幻追求。2014年10月22日，扬州市第一水厂通过对水深度处理工艺，每天供应的35万吨净水，细菌、微生物基本没有，出厂的水可以"直接喝"。东区30万居民喝上直饮水。梦幻第一次变成现实。扬州直饮水新时代的曙光已经升起。

　　相对于普通自来水，直饮水采用碘触酶技术和分离膜装置等进行过滤，杀死其中的病毒和细菌并过滤掉自来水中异色、异味、余氯、臭氧硫化氢、细菌、病毒、重金属。阻挡悬浮颗粒改善水质，同时保留对人体有益的微量元素，并用离子交换体软化水质，在最后通过高能量生化陶瓷的作用将水体能量化、矿化，达到完全符合世界卫生组织公布的直接饮用健康水的标准。这就是我们通常说的"拧开水龙头直接喝"。

　　显然，通向直饮水的金色大道并非高不可攀。经过生物接触、臭氧接触、活性炭滤池等多道工序，即可实现。这一全新的技术，称之为"深度处理工艺"。

　　这种"深度处理工艺"妙就妙在使用它就可以生产出直饮水，在此有必要以市第一水厂为例对这一先进工艺做一个简述。

　　深度处理工艺比常规水处理增加了三道工序，即生物接触池、臭氧接触池以及活性炭滤池处理。这三道工序增加在常规自来水生产仅有的沉淀池、滤池最后加些氯气的中间。

　　其生物接触池的主要功能是，用空气压缩机产生的空气来曝气，而池中是生物填料，填料上附着微生物，不断生长后，对水中有机物进行分解，黑色的物质表面有生物在其中生长。臭氧接触池的功能是杀灭微生物。水从沉淀池出去后，厌氧塔向池中供给臭氧，臭氧是一种强氧化剂，可杀灭水中的致病微生物，消除大分子有机物，提高水中的氧气。活性炭滤池的功能是，投入活性炭于水中，进行杂质物理吸附，并形成生物膜，对有机物进行生物降解，去除水中的异味、杂质。这就是深度处理工艺的三步走。加上常规生产的两道程序，共计5个步骤，生产的水就是"直饮水"，就可以"直接喝"了。

　　数据显示，扬州市第一水厂与第三水厂共用廖家沟水源，原水水质相同，第一水厂采用深度处理工艺，第三水厂采取常规处理，结果大相径庭。总有机碳（TOC），第一水厂18%，第三水厂89%；有机物综合指标（UV254），第一水厂8%，第三水厂60%；用高锰酸钾为氧化制有机物含量（CODMn），第一水厂35%，

扬州区域供水纪实

·未来篇

207

第三水厂71%；耗氧量（mg/L），第一水厂0.94，第三水厂2.4；三氯甲烷含量，第一水厂0，第三水厂0.39。通过主要有机物污染指标去除率的对比，可以看出出厂水质第一水厂明显高于第三水厂。

"直饮水"具有明显的优点。一是细菌、微生物基本没有。1升直饮水中细菌总数不超过20个，是常规水的1/5。二是耗氧量降低了六七成。国家标准耗氧量1升3毫克，深度处理后在1毫克以下，远远低于国家标准。三是微量元素、矿物质增加，有利于人体吸收。四是氯气消毒使用量仅是常规水的1/3，口感更好。五是pH值在7.5以上，偏弱碱性，口味更佳。

如此福音，真是喜从天降。

那么，扬州何时才能像实现区域供水全覆盖一样，实现直饮水的全覆盖，惠及全市460万人民呢？

信号已经发出。根据《关于切实加强城市供水安全保障工作的通知》（苏政办发〔2014〕55号）的要求："全省力争用5年左右时间全面完成深度处理改造任务"；"用2年时间完成里下河、通榆河沿线的城市自来水厂深度处理工艺改造"；"新建水厂一律达到深度处理要求，实现优质供水"。也就是说，到2020年，扬州供水将进入"直饮水"时代。

目前，江苏省深度处理总规模731万吨/日，占全省供水总规模的1/3；扬州市只有市一水厂进行深度处理，规模为30万吨/日，占全市供水总规模的1/6左右。未来扬州，特别是在"十三五"期间，深度处理改造工程的任务十分艰巨。

扬州将深度处理改造工程提到议事日程。2016年8月，由扬州市城乡建设局牵头，南京市市政设计研究院负责编制的《扬州市城乡供水"十三五"专项规划》已经完成。

按照《规划》要求，扬州市自来水深度处理工艺改造工作实现分步走战略。2016年底，扬州菱塘水厂，高邮司徒、临泽、界首水厂，宝应潼河水厂完成改造工作；2017年底，江都第一水厂、第二水厂、邵伯水厂，高邮第一水厂、第二水厂，宝应水厂完成改造；2019年底前，扬州第四水厂、第五水厂，江都亨达水务，仪征弘桥水厂完成改造。另外，扬州第三水厂年底关闭；江都油田水厂、仪征化纤水厂为企业自建水厂，其深度处理改造由政府主导、企业自行解决。

此外，在深度处理工艺工程开展的同时，完成污泥处理工程。《规划》明确：至2020年前完成现有水厂的污泥处理设施建设，所有水厂新建、改建、扩建工程，排泥水处理设施应做到与净水设施主体工程的设计、施工、投产使用"三同时"，加强对水环境的保护。换一种方式理解，也就是在水厂深度处理改造同时，同步实施排泥水处理系统改造，脱水后污泥进行综合利用、填埋或焚烧。

深度处理工艺技术投入概算为 7.66 亿元。至于选择哪种深度处理工艺技术，还是好中选优。扬州市城市供水节水办公室递交的《扬州市深度处理改造方案》送审稿建议扬州市的深度处理工艺首先采用臭氧活性炭技术。因为通过工艺特点和运行效果对比，以及鉴于臭氧活性炭工艺与膜处理去除水中杂质对象不同、运行成熟经验的差异、投资及运行成本的不同，臭氧活性炭技术更成熟，更具优势。

全扬州期盼。全扬州寄予供水生产厂家以厚望。

深度处理工艺毕竟是一项新兴技术，是一项复杂的系统工程，对"优质水"生产提出更高、更严的要求。比如，采用臭氧活性炭工艺，控制溴酸盐生成量就是面临的一大难题。因此，对水厂生产的各个环节都要更加谨慎小心的操作和更加缜密周到的管理。在整个管理体系中，实验室和智能化建设至关重要。

实验室达标建设方面，按照《江苏省城市供水企业水质检测实验室等级能力建设指导手册》的标准，2014 年扬州市自来水公司率先建成国家一级水质分析实验室，江都区完成二级实验室建设。仪征、高邮、宝应三县市的实验室升级达标步伐亦须跟进。其中，仪征港仪水厂、高邮港邮水厂和宝应粤海水厂，至 2017 年全面完成实验室三级升二级的改造。未定级的高邮润邮水厂、宝应潼河水厂，至 2018 年全面完成实验室改造，全面升格为三级。

智能化建设方面，建立扬州市供水信息系统，规划分为两个层面：市域供水信息化规划和各供水企业信息化。供水企业的信息化建设为市域信息化建设提供重要的软硬件和数据基础，同时也是提升供水行业服务水平的重要技术手段，主要包括 6 大项，是为：企业信息化统一管理平台（企业信息门户），客户服务中心和用户基本信息数据库，生产管理和生产基本信息数据库（管网 GIS、模型系统、调度系统、报装表务等），供水专家系统（数据挖掘、预案处理、知识库），行政管理（办公自动化部分、企业网站、短信平台等），企业信息化安全。各供水企业信息化主要包括水公司建设数据、管理数字化、自动化、网络化、多媒体化。规范内部管理，完善工作流程，确立信息共享机制。

总之，扬州要解决供水的新问题、新难点，在"十三五"期间让全体人民喝上满意的"直饮水"。

第三节 提足管网改造标准

管网之于供水的重要性，不啻血管之于人体的重要。至 2012 年，正是因为铺设了主干管道 1500 千米，支管网 1.5 万千米，才保证了扬州在全省第二家实现区域供水全覆盖的畅通，才使全市 460 万人民全部喝上了干净的长江水、运河水。

但要实现从"安全水"向"优质水"转变，也就是"直饮水"的转变，还有很长的一段路要走。不仅要求水源水、出厂水的优良，还要求管道水、末梢水的优良。由此看出，管道在"直饮水"输送中的地位至关重要。

要论现有供水支干管道，在若干地段，特别是乡镇地段尚不能担当"直饮水"输送的重任。因此，有计划地加以改造成为必要。

扬州在 2013 年至 2015 年，采取有效措施加快城镇供水管网改造进度，按国家规定的"对 DN ≥ 75mm 的管道，每年应安排不小于管道总长的 1% 进行改造；对 DN ≤ 50mm 的支管，每年应安排不小于管道总长的 2% 进行改造"的标准，共完成支管网更新、改造 2416.4 千米。在各年度进程中，2013 年完成 548.174 千米。其中，广陵区、邗江区新铺设 211.53 千米，高邮市新铺设 40.6 千米，仪征市新铺设 55.059 千米。2014 年完成 555.3 千米。其中，广陵区 158.1 千米，邗江区 22.2 千米，江都区 305 千米，高邮市 50 千米，仪征市新铺设 20 千米（不含东线 60 千米）。同时绘制乡镇区及所辖村组管网地图。2015 年，全市改造供水支管网 645.5 千米，市区管网漏损率控制在 13% 以内。2016 年计划完成农村供水支管网更新 190 千米。

即便如此，扬州供水管网改造要跟上"直饮水"发展的形势，依然任重道远。

2016 年扬州编制《供水"十三五"规划》，推进工作开始紧锣密鼓。《规划》将管网建设专门列为一个章节，从新管网、增压泵，到供水干管、应急清水互联干管，按照"先完善区域供水格局，再落实应急供水保障"思路，并结合道路新建或改造计划，用两个时间段，即 2017—2018 年、2019—2020 年的先后次序推进落实。

其一，关于新管网铺设。

新管网铺设在 2017—2018 年须完成的计 21 处，总长度 111.5 千米。包括以下：

1. 扬州城区 11 处，是为：站南路至润扬中路，沿江阳西路敷设 DN1000 管道，共 3 千米；站南路至渡江南路，沿江阳西路、江阳中路、江阳东路敷设 DN500 管道，共 8.5 千米；江阳中路至开发西路，沿扬子江中路敷设 DN500 管道，共 1

千米；润扬北路至扬菱路，沿北环路敷设 DN1000 管道，共 6.3 千米；北环路至京华路，沿润扬北路将现状 DN800 管道改建为 DN1000，共 3.5 千米；西三环至润扬北路，沿京华路敷设 DN1000 管道至西三环增压站，共 2.2 千米；甘八路至扬子江南路，沿规划扬子津路敷设 DN1000 管道，共 3.2 千米；扬子江南路至运河南路，沿规划扬子津路敷设 DN1200 管道，共 3.5 千米；规划扬子津路至春江路，沿运河南路敷设 DN1200 管道，共 4.2 千米；新建沙头村增压站至运河南路，沿春江路敷设 DN1200 管道，共 2.5 千米；沿江高等级公路至朴席镇，沿 X201 县道现状 DN300 管道敷设 DN500 管道，共 3.3 千米。

2. 江都区 3 处，是为：龙城路现状 DN1000 管道处，接出一根 DN1000 管道至江都一水厂，共 22.3 千米；文昌东路现状 DN800 管道处，接出一根 DN800 管道至江都二水厂，共 2.3 千米；油田水厂送水泵房接出一根 DN500 管道至邵伯水厂，共 1.2 千米。

3. 仪征市，考虑到仪征现状管网满足规划供水需求，故在此年度未安排新敷设管网任务。

4. 高邮市 4 处，是为：扩建司徒水厂处，接出一根 DN1000 管道，沿 X203 县道，共 3 千米；马横公路、X203 县道规划 DN1000 管道处接出两根 DN700 管道，一根沿 X203 县道至原临泽水厂，共 15 千米，另一根沿马横公路至 S237 省道，共 21 千米；马横公路、S237 省道规划 DN700 管道处接出两根管道，一根 DN400 管道沿 S237 省道向北至原界首水厂，共 12 千米。

5. 宝应县 3 处，是为：沿泾河现状 DN300 输水管基础上铺设 DN500 输配水管至刘上村，管道约 5 千米；由刘上村沿现状管线向北铺设 DN300 输配水管至虹桥增压站，长度约 2.5 千米；在现状 DN1000 主干管北河路与 X203 县道交叉口向北沿现状 DN500 输水管铺设 DN500 输配水管至鱼桥，长度约 6 千米。

新管网铺设在 2019—2020 年须完成的计 11 处，总长度 128.1 千米。包括以下：

1. 扬州城区 6 处，是为：新民路至开发东路，沿江都路敷设 DN1000 管道，共 4.5 千米；第四水厂至规划扬子津路，沿扬子江南路敷设 DN1200 管道，共 1 千米；万福路至文昌东路，沿规划曙光路敷设 DN1000 管道，共 3.5 千米；文昌东路至春江路，沿规划金湾路敷设 DN1200 管道，共 10.5 千米；生态科技新城规划路网敷设 DN600 管道，共 7 千米；方巷增压站至高邮湖西片区菱塘水厂，沿扬菱路敷设 DN500 管道，共 45 千米。

2. 江都区两处，是为：新都路、X204 县道现状 DN1200 管道处，接出一根

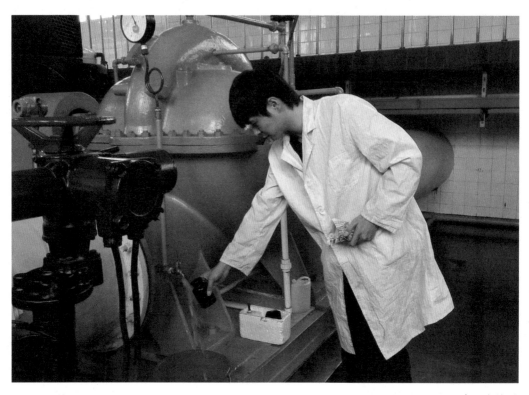

出厂水检测

DN500管道至沿江开发区水厂，共5千米；S237省道、X306县道现状DN800管道处，接出一根DN500管道至油田水厂，共0.6千米。

3.仪征市1处，是为：由弘桥水厂引至仪化水厂的DN500清水互联管，长度约3千米。

4.高邮市两处，是为：沿S237省道铺设一根DN700管道向南至一水厂，共10千米；原临泽水厂处接出一根DN700管道，沿X203县道向北至宝应潼河水厂，共7千米。

其二，关于增压泵站建设。

增压泵站包括新建和改造两个方面。新建沙头村增压站，改造江都一水厂、二水厂，邵伯水厂，高邮临泽水厂、界首水厂，宝应潼河水厂，计6家增压站。设定完成时间为2017—2018年。

新建沙头村增压站，规模20万立方米一天。扬州城区供水格局将得到进一步优化。北环路、润扬北路、京华路以及江都路规划建设DN1000管道后，一厂供水范围向城区西南和主城区延伸，供水区域大幅增加。沿扬子津路、运河南路、

春江路敷设 DN1200 管道并在沙头镇新建增压站后，五厂向城区西部以及主城区方向供水能力得到明显增强。按规划实施后，四厂供水范围得到了有效控制，最高日供水负荷率由现状的 106% 降至 90%。一厂负荷率由现状的 53% 增至 89%，五厂负荷率由现状的 57% 增至 79%。如此，扬州城区三座水厂供水趋向平衡。

与此同时，江都一、二水厂及邵伯水厂改造为增压站，规模分别为 4.0 万立方米 / 日、5.0 万立方米 / 日、1.5 万立方米 / 日；高邮临泽、界首水厂改造为增压站，规模分别为 1.5 万立方米 / 日、1.0 万立方米 / 日。亦使两市供水不平衡的矛盾得到缓解。

其三，关于管网改造。

管网改造主要指各县市老小区、街巷管网改造和乡镇供水管网改造。"十三五"期间扬州各片区投资改造规模，根据漏失率情况确定，总计 1.6685 亿元。包括：

1. 扬州城区 3000 万元，其中，主城区 500 万元，乡镇 2500 万元。

2. 江都区 3375 万元，其中主城区 500 万元，沿江开发区 475 万元，余 2400 万元分属宜陵、丁伙、邵伯、真武、樊川、小纪、武坚、郭村、吴桥、浦头 10 个乡镇。

3. 仪征市 2750 万元，其中主城区 500 万元，余 2250 万元，分属月塘、枣林湾、青山、新城、新集、刘集、马集、陈集、大仪 9 个乡镇（生态园）。

4. 高邮市 3770 万元，其中主城区 600 万元，余 3170 万元分属龙虬、车逻、卸甲、三垛、甘垛、汤庄、临泽、界首、周庄、菱塘、送桥 11 个乡镇。

5. 宝应县 3790 万元，其中主城区 600 万元，余 3190 万元分属望直、山阳、黄塍、泾河、射阳、西安丰、曹甸、氾水、柳堡、夏集、小官庄、鲁垛、广洋湖 13 个乡镇。

除此之外，应急清水互联干管建设，以及二次供水改造等项，也列入管网改造的范畴内。应急清水互联干管建设尽可能与相近的新建输水干管衔接，或合并使用，避免重复建设造成浪费。2016年扬州将江都区主供水厂之间管网进行连通，并与扬州市区自来水管道联网，分别在328国道头道桥、扬州过夹江至江都滨江新城、文昌东路东延等三处实施管道联网。二次供水设施作为供水系统的"最后一千米"，关乎人民群众的身体健康，关乎供水安全和民生福祉，由政府主导改造并监管。

总之，"十三五"期间扬州全面强化管网改造的目标，乃是对应"直饮水"时代的到来。

第四节 盯紧水质监测管理

"打造扬州好水"品牌，无论现在还是未来，都是扬州矢志不渝的发展思路。要向全市供应优质水，让人民喝上"直饮水"，就必须盯紧水源水、出厂水、管道水和末梢水各个环节的水质监测管理，从2012年实现区域供水全覆盖到现在，牢牢抓住不放。而且目标在"十三五"期间，此项工作的力度、深度和广度还将持续放大。

牢牢抓住水源水监测管理不放松。

扬州对水源水监测管理实行"两全"，即全时间跟踪、全方位监管。

所谓全时间跟踪，指在所有水源口设置24小时自动监控设备，并对现有水源口的整治工作进行督办，确保达标。市环保局监控中心拥有一个数十平方米的彩色大屏幕，全市8个县级以上集中饮用水源地都一目了然。屏幕上可显示瓜洲水源地、三江营水源地和万福闸水源地的pH值、氨氮值、溶解氧值、高锰酸钾

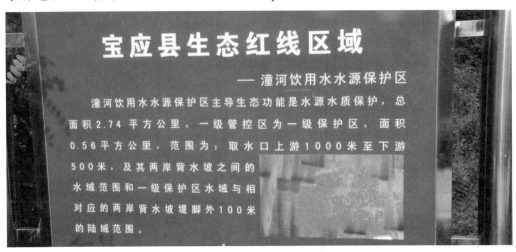

宝应县生态红线区域指示牌

指数。只要水质有稍微变化，环保人员就能及时发现，并作出应急措施。在万福取水口开闸泄洪期间，化验人员 24 小时监测取水点和上游 1 千米处的水质。此外，市水质检测中心每周都要对 3 个原水厂进行 18 项指标的常规检测，检测频率超过国家卫生标准要求。

所谓全方位监管，指巡查、执法遍及水源口的每一个角落。竖立水源地保护区标志牌 117 块。严禁过往船只在水源保护区内停靠，严防危害水源口水质安全的情况发生。一经发现有人为活动，马上就会有执法人员赶过去进行制止。对水源口进行封闭管理并采用视频监控。市环保局对取水口的溶解氧和 pH 值等 7 种指标进行在线检测，与长江上下游供水单位共建信息通报网络，以提高应对突发事件的速度和能力。建立预警预报机制，科学分析水源水质变化趋势，建立建设、环保、海事、水利（水务）、卫生等部门监测信息共享机制，为应对城乡供水安全突发事故提供宝贵的应急处置时间和有效监管手段。

牢牢抓住出厂水监测管理不放松。

自提出生产优质水的目标后，扬州加大出厂水的监管力度。2014 年 9 月，市城乡建设局出台《扬州市城乡供水水质检（监）测管理细则》，加密出厂水监测频次，提出高于国家及省级标准的市级指标。频次加密体现在：生产班组每 1 小时对色度、浑浊度、臭和味、余氯、细菌总数、总大肠菌群检测一次，每 2 小时检测一次。水厂对色度、浑浊度、臭和味、余氯、细菌总数、总大肠菌群、肉眼可见物、耐热大肠菌群、CODMn 检测不少于 1 次。检测要求明显高于国家及省级标准。

随之，扬州市城市供水节水管理办公室也作出策应：从《细则》公布起，每半年对全市 19 座水厂出厂水的 36 项常规指标进行一次全分析监测，每月对通向用户的管网水色度、浑浊度、臭和味、余氯、细菌总数、总大肠菌群、CODMn

共 7 项指标监测一次。

这一项扬州史上最严的出厂水监测举措，为保障市民饮用水安全又加了一道"保险"，也为推进扬州"十三五"期间自来水出厂能"直接喝"提供了保障。

牢牢抓住管网水监测管理不放松。

扬州对管网水 7 项水质指标监督检测也是紧抓不放。按照《细则》规定，每 2 万用水人密度设一个监测点，共设 60 个水质监测点，每月检测 1 次。

以 2014 年 10 月 14—24 日公布的《扬州市区供水管网水水质公示》为例。检测的甘泉姚湾、杉湾花园等 60 个点，色度、浑浊度、臭和味、余氯、细菌总数、总大肠菌群、CODMn 等 7 项指标全部达到国际标准。有些指标像细菌总数 1 升只含 1 个，优于国标的 100 倍；CODMn 也优于国标的一倍以上。

事实表明，扬州大力推进管网新建和改造，在保障供水率和管网水质上功不可没。

牢牢抓住末梢水监测管理不放松。

末梢水，被形容为"最后一千米"。纵然水源水、出厂水和管网水运行状态优良，但如果末梢水达不到设定标准，那么优质供水的任务依然没有完成，依然是个缺憾。

扬州供水同样赢在"最后一千米"。卫生部门在市区设立了 20 个末梢水监测点，其中包括学校、工厂、居民等典型用户的"水龙头"检测点，定时定点进行采样监测，全天候"监控"水质。监测结果显示，市区生活饮用水水质符合国家标准。"特别值得一提的是，扬州的自来水的 pH 值保持在 7.5—8.0 之间，都呈弱碱性，口感有点甜，更加符合人体需要。

另一个利好消息是，2015 年全国开始执行新的《生活饮用水卫生标准》后，检测指标一共有 106 项，与世界上最严的欧盟水质标准基本持平。这 106 项指标，扬城可以做到全部合格，大部分指标远远高过国家标准，有的指标甚至好过国标 100 倍左右。在这个利好消息面前，扬州市区直供水水质纳入国家监测网。这将扬州的优质供水放在一个更大更广的平台展示。

概括起来，扬州持续牢牢抓住水质监测管理四个环节不放松，结出硕果。《细则》规定的各项都一一落实到位。每周对 4 个取水口原水、5 个水厂出厂水、市区 30 个代表性供水区域管网点采样检测 14 项常规指标，超过生活饮用水卫生标准要求的有 9 项指标要求；每月采样检测 46 项指标，超过标准要求的有 35 项指标要求；每半年检测标准要求的 106 项全部指标。同时每半年对市区 150 多处无负压高层加压泵房出水、30个并网乡镇的2个代表性管网末梢水进行常规性检测。2016年上半年的水质检测结果表明，市区管网水水质综合合格率达到100%，实现了水质安全无事故。

"十三五"乃至未来，扬州水质监测管理仍然"咬定青山不放松"，沿着成功路径走下去。

第五节 完备应急预案体系

扬州未来供水要实现长期安全优质，建立完备的应急预案体系必不可少。"凡事预则立，不预则废。"只有加强预警，才能做到万无一失。或者在突发供水事故发生的时候，第一时间启动应急响应，将损失降到最低限度，确保人民的饮水生命安全。

早在2013年10月，扬州市城乡建设局即编制《扬州市城市供水事故应急预案》。

2016年由扬州市建设局牵头，委托南京市市政设计研究院有限责任公司编制《扬州市城乡供水"十三五"专项规划》。扬州未来供水应急预案体系进一步完备。

应急预案体系由两个方面组成，一方面建立预防监管体系，另一方面建立应急保障体系。

先说预防监管体系的建立。

预防监管体系概括为"一个机构，六大职能"。

"一个机构"为日常监管机构。由扬州市城乡建设局及各地区供水行政主管部门设立，是所辖区突发供水事故应急工作的日常工作机构，负责落实市政府的指令，制定和修订应急预案，指导供水专项应急预案体系建设，建立相关专家库，组织辖区应急培训和演练；合理规划应急备用水源、互联互备管网，保证应急突发污染事件时有足够的应急水量及水压；构建完善的应急供水保障体系，全日制受理和收集有关供水事故信息，并及时上报市应急办。

"六大职能"为：

应急基础工作。重点是做好应急备用水源建设和应急清水互联管网建设，从应急水源、应急水厂及应急状态下的管网输送及全市统一调度平台等多方面建立、完善城市供水应急系统。同时梳理出供水、集中式饮用水源专项预案，修订完善，切实提高应急预案的操作性、实用性。强化源头治理，严肃查处污染企业，切实

扬州市第五水厂平流式沉淀池

抓好水源地保护，建立供水安全部门协作机制，加强信息共享，提高监测预警和应急处置能力，确保安全供水。加强城市供水保障和应急系统建设，健全应急处理机制，提高应对自然灾害和突发事件的能力，提高供水的安全可靠性。

应急预案演练。市供水应急工作机构的成员单位每年至少组织一次突发供水事故应急演练或训练，市供水事故应急日常工作机构参加市应急委组织的综合性演习。通过演习，评估总体供水应急预案的可行性和操作性，提高对突发事件的应急处置水平和应急指挥能力。

应急预案宣传。加强供水、节水法律法规及相关政策的宣传工作，开展应急公益宣传活动，提高公众对节水知识、节水技术与措施的认识，提倡节约用水、科学用水，普及安全防范与供水应急救助知识，提高安全防范与供水应急处置能力。各职能部门、新闻媒体、红十字会等社会团体积极向群众宣传突发供水事故紧急应对、处置的基本常识和技能。各企事业单位、各乡（镇、街办）、社区要对员工、居民加强安全防范、自救互救知识的宣传和辅导，并进行必要的演示演练。结合学校教育开展突发供水事故应急处置常识教育。

应急预案培训。市供水事故应急日常工作机构每年组织一次指挥机构工作人员培训。市供水事故应急日常工作机构每年分期对专职、兼职救援人员和各类专业救援队伍进行业务培训。培训重点为：应急水处理技术和水源地典型污染应急处理技术，特别是针对可能对长江、南水北调大运河沿线水源地造成威胁的油类物质、硫酸、农药、苯酚、重金属，以及其他有毒有害物质等的处理措施。

一水厂化验室出厂水检测过程

应急预案管理。加大执行扬州市人民政府颁布的《扬州市节水供水管理办法》和《扬州市城市供水事故应急预案》的执行力度，建立"扬州市应急物资信息管理系统"，按照系统填报要求，分类逐项进行填报。市供水事故应急日常工作机构对本预案进行评估、修订，预案正文部分的修订须报经市政府批准。

应急物质储备。应急物质储备分为四大类别，即水质处理类、供电类、供水管网类和紧急供水类，实行分类备足、统一存放、专人保管，确保应急调度。其中，水质处理类有快速毒性仪、便携式多功能参数仪；供电类有雅马哈发电机、本田发电机、柴油发电机、康明斯移动电站；供水管网类有多功能相关仪、测漏仪、听漏杆、汽油泵、三相潜水泵、热熔机、配电箱，以及热熔皿、方针、打洞机、电夯、切割机、云石机、电镐、加力杆、铸铁套筒、铜阀（不锈钢）、螺母、哈夫卡、补漏器、闷板、消防盖帽、快速水泥等；紧急供水类有5吨位车辆，包括消防车和送水车各50辆。除紧急供水类由市消防支队提供并调度外，其余应急物质统一储备于市自来水公司。

次说应急保障体系的建立。

应急供水保障体系基本包括应急组织体系、应急预警体系、应急响应体系、应急保障体系和应急终止程序等。其中，主要体系为四大项。

其一，应急组织体系。突发供水事故时，由综合协调机构、日常工作机构、现场指挥机构、现场处置机构和专家组组成应急组织体系。市指挥部总指挥由市长或分管副市长担任,副总指挥由市城乡建设局、市安监局主要负责人、所在地区人民政府及事故发生单位的主管部门主要负责人担任,组成成员包括负有应急处置责任的政府相关部门、相关单位及事故发生单位等组成。其中,现场处置机构设"一室十组",是为:综合办公室;警戒保卫与社会稳定组、医疗救护组、环境监测组、应急抢修组、应急送水及供水监察组、物资供应组、信息发布组、善后处理组、通讯联络组和专家组。成员单位为市城乡建设局、市公安局、市卫生局、市环保局、市经信委、市城管局、消防局、商务局、市城建集团及所在地区人民政府及相关街道等部门。

其二,应急预警体系。涵盖三点。一是预警信息的监测与报告。当供水突发事故时,立即向政府报告,并及时通报有关部门和可能受到影响的供水单位;对事件紧急或可能发生重、特大供水事故的,可以立即越级上报。二是预警级别的确定和发布。根据供水事故所造成的影响和紧急程度,将供水事故分为四个级别:Ⅰ级(特别重大)、Ⅱ级(重大)、Ⅲ级(较大)、Ⅳ级(一般)。三是预警系统组成。分水质信息采集、水质信息传输、水质信息处理、水污染预警分析、水污染预警决策支持、防污决策分析、系统运行支持和预警服务等8个子系统。

其三,应急响应体系。涵盖三点。一是分级响应。供水突发事件发生后,事发地人民政府应立即组织、指挥当地的环境应急工作,集中式饮用水源突发污染事件发生单位及归口管理部门接报后必须迅速调派人员赶赴事故现场,采取有效措施,组织实施抢救。二是分级响应程序。启动相应的应急预案,成立应急处置指挥部,同时上报事故处置的最新进展情况。三是分级响应机制。当集中式饮用水源突发污染事件发生后,各级人民政府及其相关部门、单位,按照响应的级别,立即成立相应的应急处置现场指挥部。

其四应急保障体系。涵盖四点。一是资金保障。各级财政部门按照分级负担原则提供必要的资金保障。二是通讯与信息保障。各级有关部门配备必要的有线、无线通信器材,确保联络畅通。三是技术装备保障。各级有关部门和单位建立科学的应急指挥决策支持系统,实现信息综合集成、分析处理、污染评估的智能化和数字化,确保有效防范应对。四是资源保障。各有关主管部门要建立突发事件应急队伍,形成应急网络。同时,加大应急物资及设施(备)的储备与管理,保证完成现场处置。

此外,应急终止由市应急处置工作领导小组宣布。

第六节 调优水厂建设布局

水厂在供水工程中始终处于核心位置，是实施供水的主体单位。"十三五"期间，扬州供水锁定的目标是生产"直饮水"。

就供水能力而言，扬州已基本建成优化配置的水资源管理体系，并基本实现水资源管理现代化，基本满足经济社会发展和人民生活用水的需求。扬州水生产的供需大体平衡，并有富余。目前全市区域供水水厂累计19座，日供水能力达159.5万吨/日，而用水量为114.3万吨/日。预测"十三五"期末总用水量为148.1万吨/日，而供水能力为203.5万吨/日。所以投资新建水厂的压力较小。

扬州《"十三五"规划纲要》明确指出："继续推进区域供水支管网改造，加强水质监测和公示，加强自来水厂整合，推进第六水厂新建等工程，完成水厂深度处理工艺改造。"因此，"十三五"期间，扬州供水的主要任务是，围绕生产"直饮水"目标，加强深度处理工艺和污泥处理，以及备用水源工程的建设与改造，加快优化水厂布局。

布局调整基本思路：市区采用集中联网供水，现有乡镇水厂逐步关闭或改造为增压泵房；关闭市区现有扬州三水厂、江都一水厂，合并邵伯与油田水厂，扩大扬州一水厂、扬州五水厂、江都二水厂、江都港区水厂供水规模；规划在朴席新建扬州六水厂，与四水厂共用取水口；同时完成备用水源地建设，以及供水干管与应急干管的互联。工程表述为X+1，实施步骤贯穿于整个"十三五"期间。具体分解是：

1. 扬州市区为3+1工程。

扬州第一水厂工程建设总规模为40万立方米/日，占地总面积17.86亩，主要建设内容为新建取水头部、取水泵房及吸水井、水质处理应急加药间、水质监测中心、配电房、机修仓库、水源厂总图及浑水管线等。新建和改造已提前完成。

扬州第四水厂实施深度处理和污泥脱水改造工程，供水规模为20万吨/日。工程投资1.25亿元，预计完成时间为2018年。

扬州第五水厂实施深度处理工程，供水规模为40万吨/日。工程投资2亿元，预计2018年完成。

新建第六水厂，选址为扬州经济开发区的朴席。建成后与四水厂合一个取水口。

同时考虑供水干管与应急干管的互联。从扬州市第四水厂引出一根DN1200管道，沿扬子江南路、规划扬子津路、运河南路接至春江路现状DN1200管道。

江都一水厂

该管道在应急情况下作为扬州第四水厂与第五水厂之间的清水互联干管，在正常供水时可作为区域输配水干管。从邗江方巷增压站处接出一根 DN500 管道，沿 X101 县道向北，接至高邮湖西片区菱塘水厂，当高邮湖西水源突发污染时，该管道作为至菱塘水厂的应急清水干管。

2. 高邮市为 4+2 工程。

高邮一水厂实施深度处理和污泥脱水改造工程，供水规模为 4.5 万吨 / 日。工程投资 3881 万元，预计完成时间为 2017 年。

高邮二水厂实施深度处理和污泥脱水改造工程，供水规模为 10 万吨 / 日。工程投资 5625 万元，预计完成时间为 2017 年。

菱塘水厂实施深度处理工程，供水规模为 5 万吨 / 日。工程投资 3125 万元，预计 2018 年完成。

司徒水厂实施深度处理工程。水厂南侧有预留用地，故原址扩建。供水规模为 6 万吨 / 日，工程投资 1.25 亿元，预计 2018 年完成。同年实施水源切换工程，铺设 DN800 球墨铸铁浑水管线 2 根，计 23 千米，投资为 1.9203 亿元。

供水干管与应急干管的互联方面，沿马横公路、S237 省道、文游北路规划 1 根 DN700 干管接至二水厂。该管道在应急情况下作为司徒水厂至高邮二水厂的

扬州区域供水纪实

· 未来篇

清水应急干管，在正常供水时马横公路段作为至界首片区的输水干管。

3. 江都区为 3+1 工程。

江都第一水厂改造为增压站，由扬州市第一水厂对其供水，清水来自从扬州向东敷设的龙城路供水管。江都第二水厂由于其相对较新且预留有扩建用地，故规划保留其处理能力，近期停产作为增压站，由扬州第一水厂对其供水，清水来自文昌东路 DN800 联网供水管。待未来江都用水量逐步增加而扬州市无富余供水能力时，完成深度处理改造并重新投产。

江都油田水厂实施深度处理和污泥处理工程，供水规模为 5 万吨 / 日，工程投资 4063 万元，预计 2018 年完成。

江都亨达水厂实施深度处理工程，供水规模为 5 万吨 / 日，工程投资 3125 万元，预计 2019 年完成。

江都邵伯备用水工程及万福水源厂局部改造，计划铺设 DN1600PCCP 管 22 千米，投资为 1920 万元，预计 2020 年完成。

江都的供水干管与应急干管的互联：沿江都区新都路、X204 县道处，从现状 DN1200 主管上引出一根 DN500 管道，鲎江路向东接至沿江开发区水厂，沿江开发区水厂水源地受污染时采用此应急干管从扬州引入清水；S237 省道现状 DN800 干管引一根 DN500 管道沿 X306 县道接至油田水厂，油田水厂水源地受污染时采用此应急干管引入清水。

4. 宝应县为 2+2 工程。

宝应水厂实施深度处理工程，供水规模为 13 万吨 / 日。工程投资 7313 万元，预计 2017 年完成。

宝应潼河水厂实施深度处理和污泥处理工程，供水规模为 5 万吨 / 日。工程投资 4063 万元，预计 2018 年完成。同年实施大运河配水工程。铺设 DN700 球墨铸铁浑水管线 2 根，计 14 千米，投资为 1.0834 亿元。

干管互联计划：宝应县自高邮司徒水厂引一根 DN700 主干管沿 X203 县道向北，接至潼河水厂，该管道在应急情况下作为司徒水厂至潼河水厂的清水应急干管，在正常供水时至临泽水厂段作为临泽片区的输水干管；潼河水厂引出一根 DN900 主干管沿线经鲁垛增压站，向西沿 X013 县道向西至 S237 省道接至粤海水厂，该管道在应急情况下作为潼河水厂至宝应水厂的清水应急干管，在正常供水时可作为沿线的输水干管。

5. 仪征市为 2+2 工程。

仪征弘桥水厂实施深度处理工程，供水规模为 15 万吨 / 日。工程投资 8438 万元，预计 2018 年完成。同年实施长江水源头取水工程

仪征化纤水厂实施深度处理工程，供水规模为 10 万吨 / 日。工程投资 5625 万元，预计 2019 年完成。

仪征长江水源头取水工程，主要内容为：新建 2 根 DN2800 钢管，采取"顶管 + 水下桩架 + 埋管"方式，保持现有取水泵房不变，通过管道将现有两处取水口头部连接，并向上游延伸至距仪化公司大码头 1380 米处。合并后的取水口头部取水能力为 80 万吨 / 日。工程投资为 1.899 亿元。预计 2017 年完成。

互联应急计划：仪征市由弘桥水厂引一根 DN500 钢管至仪化水厂，当仪征长江水源地受污染时，将弘桥水厂采用月塘水库备用水源生产的清水通过此应急互联干管输送至仪化水厂。

这又将是扬州供水史上的一个大手笔。

扬州优化水厂布局，建设、改造水厂和水源的项目预算总投资为 9.0285 亿元。如果加上管网、增压站建设，实验室、消火栓建设，老旧管网改造，二次供水改造，以及装备信息系统等项，总预算为 28.2111 亿元。

这又将为扬州绘制未来供水新篇章增添浓墨重彩。

"十三五"期间，扬州实现全面建成经济强、百姓富、环境美、社会文明程度高的新扬州的目标，供水则以实现区域"直饮水"全覆盖的成绩单划上圆满的句号，向全市人民交上满意的答卷。

（编写：韩月波）

附: 区域供水大事记

扬州市第五水厂平流式沉淀池+滤池

2009 年 5 月, 市六届人大常委会第十次会议作出《关于加快推进区域供水切实解决农村饮用水安全的决议》, 要求市区及仪征市 2010 年实现区域供水全覆盖, 其他地区 2012 年实现区域供水全覆盖。

2009 年 9 月 11 日, 市政府专题召开全市区域供水工作会议, 动员全市各地、各部门统一思想, 明确目标, 克难求进, 全力推进区域供水进程, 解决城乡居民的饮水安全问题。会议由市政府副市长纪春明主持, 市委常委、常务副市长张爱军, 市人大副主任高瑞芹, 市政协副主席钱小平, 市政府副市长董玉海出席会议, 市区域供水领导小组成员、各县(市、区)分管负责人、市人大、市政协相关部门负责人出席会议。市区域供水领导小组办公室主任、市建设局局长王骏同志对实施方案进行了详细介绍, 并代表市建设局作了表态发言, 各县(市)和市水利局负责人也作了表态发言。董玉海副市长代表市政府分别与市建设局、水利局和

各有关县（市、区）签订了区域供水工作目标责任状。随后，市委常委、常务副市长张爱军作了题为《全力推进区域供水工程，切实保障城乡饮水安全》的讲话，并提出三点具体要求。会议明确要求，确保市区 2010 年年底、各县（市）2012 年底实现区域供水全覆盖，水质、水压全部达到规定标准。

2009 年 9 月 12 日，市区域供水领导小组办公室召开专题会议，就如何认真贯彻全市区域供水工作会议精神、充分发挥办公室的综合协调功能进行专门研究，分解任务、细化目标、明确责任、落实措施。同时，江都市也于当日召开区域供水领导小组成员单位会议，按照"立足当前、着眼长远、科学论证、统筹兼顾、立体推进"的原则，修编完善《江都市区域供水规划》，设立了市属、中闸、邵

江都水利枢纽航拍图

伯三大供水圈。

2009年9月16日，仪征召开中线区域供水暨备用水源地工程工作会议，仪征市中线区域供水暨备用水源地工程南起真州草山，北至月塘水厂，全长29.1千米，工程概算投资1.54亿元。

2009年9月29日，高邮市政府专题召开饮水安全暨区域供水工作推进会议，就加快区域供水和饮水安全工程建设进行了再动员、再部署。

2009年10月10日，广陵区召开区域供水工作专题会，会议明确：1.按照市政府的统一部署，在年内完成区域供水目标任务；2.立即成立运转高效、指挥有力、认真负责的工作班子，确保水厂收购与区域供水工程建设同步快速推进；3.区爱卫办及区建设、物价、环保、水利等部门要密切配合，协同工作，确保水厂收购公平、公正、合理，工程建设快速、有序、规范。

2009年11月24日，江苏省住建厅在扬州召开宁镇扬泰通和苏北地区区域供水规划实施工作推进会，会议总结了各地实施区域供水规划、推进工程建设的情况，交流了各自工作中的经验和做法，对照规划目标就下一步工作作了部署。省住建厅副厅长王翔出席会议并讲话，他要求：一是提高认识，要从落实实践科学发展观，为民办实事的高度加以认识，切实做好区域供水工作；二是落实规划，要以目标责任状的落实为抓手，对照规划目标要求，咬定目标不松，努力实现工作目标；三是创新思路，要因地制宜选择运营与并购模式，有效推进工作进程；四要强化管理，要抓好水源保护、工程质量和突发事件应急措施落实等方面工作，确保区域供水安全；五是加大投入，区域供水是公共事业，地方财政要有计划，同时，要抓住当前国家鼓励基础设施建设契机，用好用足相关政策，保证工程顺利实施。

2009年，全市累计完成水厂建设投资1.6亿元；完成3座增压站建设，投资709万元；完成管道铺设200.36千米，建设投资19587.98万元；受益人口41.16万人。

2010年1月27日，市区域供水工作领导小组办公室召开2010年区域供水工作会议。会上各县（市、区）汇报了2009年区域供水工作目标任务完成情况，交流了各自工作中的做法，针对推进过程中出现的问题进行了讨论，部署了2010年区域供水工作计划安排。

2010年年初，宝应县召开2010年区域供水工作班子专题会议，进一步落实阶段工作计划，明确实施时间表。

按照扬州市委、市政府的部署，2010年仪征市将全面完成区域供水工作。年初，仪征市加大力度，推进区域供水二期工程建设，着力抓好各方面的推进扫尾工作。

2010年年初，高邮市细化量化年度目标任务，积极谋划全年区域供水工作，

真州镇曹山加压泵站出口管网铺设现场

廖家沟取水口迁建工程

江都沉井工程施工

主要抓好争取多方位投入和提前做好项目有关公路、航道、堤防等施工许可申请和拆迁矛盾协调准备工作。

2010年年初，江都结合未来发展，对原区域供水规划进行修编和大幅度提升，新规划将建立以市属水厂、邵伯水厂（含油田水厂）和沿江开发区水厂为龙头的三大供水圈，计划用3年时间，实现全市域1332平方千米区域供水全覆盖，工程总投资9.16亿元，新建给水管线352.28千米，新建增压站7座。至2012年，区域供水覆盖全市域13个乡镇，并将管网延伸至各镇及片区，实现对全市42个原乡镇体系中集镇的供水。

2010年3月中旬，邗江区政协组织部分委员及相关部门负责人视察区域供水工作。

2010年5月4日，市政府召开全市区域供水工作推进会，会议由市城乡建设局副局长康盛君主持。会上，康盛君代表市区域供水工作领导小组办公室，通报了2009年度全市区域供水考评情况，六个县（市、区）和城控集团分别做了工作交流。会议总结了2009年全市区域供水工作情况，交流、分析了存在的问题，

仪征月塘水库（又名：登月湖）

部署下一阶段工作，要求各县（市、区）及相关单位进一步提高认识，明确目标，齐心协力，扎实推进，确保完成2010年区域供水工作目标。市委常委、常务副市长张爱军作了重要讲话，他充分肯定了扬州市自2009年开始实施区域供水以来的工作，各县（市、区）和市各有关部门（单位）克难求进，采取扎实措施，大力推进工程建设，工作取得积极进展。

根据2010年5月4日全市区域供水工作推进会要求，各县（市、区）迅速开展督查。邗江区：5月11日，区政府分管负责人带领相关部门负责人到杭集、瓜洲、霍桥三乡镇督查区域供水工作，并与市自来水公司进行工作对接，力促全市工作目标的实现。广陵区：5月10日下午，区政府召开督查会，对小水厂收购中设计人员、设备、管网等情况进行核实，力争近期完成小水厂收购与并网供水工作。高邮市：5月5日，市政府主要负责人带队督查湖西、菱塘、天山、送桥、

郭集四乡镇区域供水工作，与四乡镇签订目标责任状，落实小水厂收购，要求 6 月底完成收购工作；同时，有序推进 2010 年管网工程建设。宝应县：县政府分管县长立即带队到安宜、黄塍、望直港三乡镇督查工作，明确要求 6 月底完成区域供水工作。江都市：5 月 4 日当天即由市委书记率市人大主任、副主任到大桥区等乡镇调研区域供水工作，并听取选民代表对区域供水工作的意见和建议。仪征市：市政府进一步完善区域供水管理网络，分工职责更加明确。

2010 年 5 月 11 日，市人大常委会副主任孙永如、李福康、高瑞芹带队，赴各县（市、区）对区域供水决议实施情况进行专题评议调研。

2010 年 5 月 19 日，市人大环资城建工委主任宋建国带领市环资城建工委全体人员和市区域供水领导小组办公室相关人员组成调研组，到启东市专题考察区域供水工作。调研组通过听汇报、看现场等方式，对启东市区域供水规划建设、运营管理及乡镇小水厂回购操作方法等方面情况进行了详细调研。

2010 年 5 月 26 日，市人大常委会对市政府实施区域供水决议工作进行满意度测评。

2010 年 9 月 30 日，高邮市天山镇 2 万村民喜饮长江水。

2010 年 9 月底，宝应县山阳镇完成区域供水建设任务，该工程配套建设资金 1300 万元，铺设县通镇主管道 20 千米，到村、组支管网 350 千米，新建 2 座无负压增压站。全镇 5.54 万人喝上干净卫生、安全放心的大运河水。

截至 2010 年 9 月底，全市完成投资 3 亿多元，新铺设供水主管道 222.6 千米，支管网 424.5 千米；并购小水厂 12 座，完成并购签约水厂 63 座；新增供水人口 18.09 万人。

2010 年 10 月 14 日，市委常委、常务副市长张爱军专门赴仪征督查区域供水工作，对仪征区域供水工作已取得的成果表示充分肯定。

2010 年 10 月中旬，市区域供水工作领导小组办公室常务副主任、市城乡建设局副局长耿良率市城乡建设局、水利局、卫生局等部门相关人员先后赴江都、宝应、高邮、邗江等县（市、区）督查（考核）区域供水工作。

2010 年 11 月 15 日，宝应县召开区域供水推进会，会议明确 2011 年工作目标，要完成泾河、小官庄、鲁垛、山阳、曹甸等 5 个镇区区域供水的工作任务，铺设区域供水主管道 60 千米，改造镇村管网 687 千米，受益人口 24.86 万人。

2010 年 11 月 16 日，市区域供水工作领导小组办公室召开 2010 年区域供水工作总结和编制 2011 年区域供水工作计划任务布置会，会议要求各地在总结 2010 年工作的基础上，围绕 2012 年年底区域供水全覆盖的总目标，按照"紧前不紧后"的原则，合理安排 2011 年度本辖区内区域供水工作涉及的水厂扩容、管网建设、增压站建设等具体工程建设内容，研究制定新年度在工程前期、资金筹措、工程质量、进度控制及小水厂回购等方面拟采取的措施，确保全年目标任务的完成。市区域供水工作领导小组办公室常务副主任、市城乡建设局副局长耿良主持会议。

2010 年 11 月 21 日，市政府召开全市区域供水工作推进会，会议由市政府副秘书长、市城乡建设局局长王骏主持，市委常委、常务副市长张爱军到会并作重要讲话。

2010 年顺利实现了市区和仪征市区区域供水"两个全覆盖"；全市完成新铺设供水主管道 571.1 千米，支管网 4835 千米；签订小水厂并购协议 72 份，关闭小水厂 178 座；60 个乡镇实现并网供水；累计受益人口 359.37 万人，区域供水覆盖率 78.2%。

2011 年 1 月 17—19 日，市区域供水工作领导小组办公室对全市 2010 年度区域供水工作完成情况进行考核检查。

2011 年 5 月 16 日，高邮市政府召开东北片区 10 乡镇区域供水现场推进会，高邮市副市长孙建年参加会议。

2011 年 7 月 6—8 日，市区域供水工作领导小组办公室对 2011 年上半年全市区域供水工作完成情况进行考核检查。

2011 年 11 月中旬，市六届人大第二十九次常委会听取和审议市政府贯彻实施市人大常委会《关于加快推进区域供水　切实解决农村饮用水安全的决议》情况的汇报。为做好听取审议的有关准备工作，事前，市人大环资城建工委主任宋建国一行组织市区域供水工作领导小组办公室先后赴宝应、江都、高邮、仪征四地实地调研区域供水实施情况。

2012 年 6 月 21 日，市委、市政府专门召开民生幸福工程现场观摩会，督查工程进展情况，要求加快小水厂关停工作，并要求供电公司等相关部门共同配合做好小水厂关停工作。

2012年7月20日，市政府副秘书长王骏带领市区域供水工作领导小组成员单位的分管负责同志赴江都区检查区域供水推进工作。

2012年8月16—17日，省住建厅副厅长王翔带队，省委政策研究室、省住建厅城建处、中国建设报等相关人员组成的省城乡统筹区域供水规划实施情况调研组来扬调研区域供水推进工作。

截至2012年11月，全市累计投入44.65亿元，关闭486座小水厂，铺设供水主干管道1438千米、支管网15016千米，建成增压站30座、区域供水水厂19座，日供水能力达207万吨，彻底解决了全市城乡居民的饮用水安全问题，让老百姓喝上了"卫生水、安全水、放心水"。

2013年3月，扬州市区域供水项目作为"江苏省统筹区域供水规划及实施项目"的重要组成部分，被国家住建部授予中国人居环境范例奖，并向联合国人居署推荐申报"迪拜国际改善居住环境最佳范例奖"。

2013年5月13日，省住建厅召开全省城市供水安全度夏及排水防涝工作会议，全面部署2013年全省饮用水安全度夏、城市排水防涝和污水处理等工作，会上表彰了2012年度全省城市供水安全保障考核优秀城市、先进集体、班组和个人。扬州市被授予"江苏省城市供水安全保障考核优秀城市"，市城乡建设局下属的扬州市城市供水节水管理办公室、市城建控股集团下属的扬州自来水有限责任公司被授予"城市供水工作先进集体"，扬州市江都自来水有限责任公司被授予"城市供水先进集体"，扬州市江都自来水有限责任公司中心化验室、高邮港油供水有限公司管道维修班被授予"城市供水工作先进班组"，扬州自来水有限责任公司水质监测中心颜勇、高邮港油供水有限公司管道维修班王干被授予"城市供水工作先进个人"。

2014年12月3日，省委副书记、省长李学勇赴宝应县氾水镇新民村实地察看区域供水情况，走进红旗组村民吴怀顺家，打开水龙头，察看水质水压。李省长高度评价了扬州加大投入、实现"同管同源同质"区域供水全覆盖的做法和取得的成绩，认为扬州经验值得在全省推广。省委常委、副省长徐鸣，省政府秘书长张敬华，市委书记谢正义，市长朱民阳等陪同调研。市区域供水领导小组办公室主任、市城乡建设局局长杨正福和宝应县负责同志介绍相关情况。

2015年3月初，市委、市政府推进涉水职能改革，将供水管理职能保留在市建设局，具体管理工作由其下属的扬州市给排水管理处承担。

2015 年 4 月 20 日、5 月 12 日、6 月 8 日，针对市七届人大四次会议《关于认真做好高邮宝应里下河地区饮用长江水的规划并加快实施的议案》，市建设局会同水利、环保、卫生等部门多次赴高邮、宝应实地察看高邮临泽水厂、司徒水厂和宝应潼河水厂水源地，系统收集南水北调长江源头、京杭大运河高邮段和宝应段、三阳河高邮段、宝应潼河断面水质监测历史数据，以及三家水厂出厂水水质检测历史数据，与属地水利、环保、卫生等部门共同研究里下河地区水厂水源地问题解决方案。

2015 年 7 月，市城乡建设局、市给排水管理处组织专家组，对全市区域供水范围内 19 个主要供水企业规范化管理和供水安全保障工作进行了全覆盖督查考核。11 月底，各县市及市区相关单位将整改落实情况进行了回复。

2015 年 8 月，扬州市在全省首次通过公开招标政府采购方式引入第三方水质检测单位对区域供水出厂水、管网水水质进行监督检测，获得省住建厅领导在全省行业大会上的高度评价；全年对全市 19 个主供水厂出厂水全分析监督检测 2 次，常规分析监督检测 10 次，对扬州市区（含江都区）60 个管网点常规分析监督检测 12 次；按月做好市区供水水质公示；建成规范化的政府水质监管体系。

2015 年，全年主城区完成支管网改造 149.35 千米，江都区完成 451.08 千米，高邮市完成 99.26 千米，仪征市完成 48.15 千米，共计 747.84 千米，超过年初下达计划（645.5 千米）102.34 千米，超额完成 15.9%。

2016 年 1 月 25 日下午，市区域供水工作领导小组办公室召开 2016 年度全市供水工作会议，对 2015 年全市供水工作情况进行总结；对各县（市、区）及扬州自来水公司 2015 年度区域供水工作目标和支管网更新改造工作进行考核；对 2016 年供水安全保障工作和支管网更新改造任务进行具体部署。

2016 年 8 月 23 日，省政协主席张连珍率领驻苏全国政协委员来扬视察"区域供水""不淹不涝"项目实施成果展，市委书记谢正义，市政协主席洪锦华，市委常委、秘书长陈扬等市领导陪同参观。市城乡建设局局长杨正福向驻苏全国政协委员汇报了"十二五"期间扬州市"区域供水""不淹不涝"工作的规划、计划、推进过程和实施效果等方面的详细情况，受到全国政协委员一行的充分肯定。

2016 年 9 月 8 日，市四套班子老领导视察"区域供水""不淹不涝"项目实施成果展，市委书记谢正义等市领导陪同参观，市城乡建设局局长杨正福汇报了"十二五"期间扬州市"区域供水""不淹不涝"工作的详细情况。

（编写：罗灿、戴晶）

后 记

　　扬州依水而建,缘水而兴。水勾勒出扬州悠久绚烂的历史,也养育了代代扬城百姓。多年以来,扬州深耕基本民生,大力推进区域供水工程,让所有百姓喝上放心水。为了真实记录这一历程,展现工程参与者的精神风貌,进一步总结区域供水工作的经验和成果,受市委、市政府的委托,扬州市城乡建设局承担了《扬州区域供水纪实》一书的编写任务,以对扬州实施区域供水工程的情况系统回顾与科学总结,再现此项工程的真实场景和感人画面,为城市建设留下一套宝贵的资料。

　　市建设局杨正福局长高度重视此书的编写,多次召开会议研究,明确由扬州市历史文化名城研究院具体负责。名城研究院自接到任务后,专门安排人员与局城建处、给排水管理处及市水利局有关同志研讨,摸清工程实施意义、背景、过程、步骤、时间,据此拟定写作大纲。

　　2016年7月14日,时任市委副书记张爱军同志亲自听取了提纲汇报,并提出突出基层同志、突出工程意义、突出各方齐力解决困难等具体而明确的要求。成稿后,张爱军代市长又审阅了本书的清样并提出了修改意见,中共扬州市委书记谢正义亲自作序。

　　市名城研究院经过反复研究,决定由高永青同志负责协调,蒋亚林同志负责综述篇及城区采访,吴年华同志负责背景篇及高邮市采访,刘骏同志负责动意篇及宝应县采访,方亮和刘骏两位同志负责决策篇及江都区采访,韩月波同志负责未来篇和仪征市采访,建设局城建处罗灿同志和给排水处戴晶同志负责成果篇和大事记部分。8月,全体作者冒着酷暑,到各县(市)区实地采访,深入水利局、乡镇、水厂、农户获取写作素材,为本书的出版付出了辛苦劳动。

在编写过程中，杨正福局长始终关注进程，并不断提出指导意见。建设局办公室主任张宏朝、城建处长傅士斌、给排水管理处副主任唐中亚一直提供各种帮助。高永青同志认真统筹、协调、审稿，吴年华同志协助做好统筹、统稿工作，广陵书社工作人员认真校审，扬州市城建档案馆提供了部分图片。广陵区、邗江区、江都区建设局及高邮市、仪征市、宝应县水务局积极配合采写人员工作，协调水厂、乡镇、农户采访工作，并提供文字材料和图片，保证了采写工作的顺利完成。局计财处刘晓明同志也积极奔走，解决我们工作中的困难。在此，我们对为本书提供帮助的领导、相关单位、个人一并表示衷心感谢。

由于时间仓促，水平有限，错误、疏漏之处难免，恳请方家批评指正。

扬州市历史文化名城研究院

2017 年元月